TRATAMENTO DE LODOS

DE ESTAÇÕES DE TRATAMENTO DE ÁGUA

Blucher

CARLOS A. RICHTER

Engenheiro Civil,
Consultor em Tratamento de Água

TRATAMENTO DE LODOS

DE ESTAÇÕES DE TRATAMENTO DE ÁGUA

Tratamento de lodos de estações de tratamento de água

1ª edição - 2001
8ª reimpressão - 2020
Editora Edgard Blücher Ltda.

Blucher

Rua Pedroso Alvarenga, 1245, 4º andar
04531-012 - São Paulo - SP - Brasil
Tel 55 11 3078-5366
contato@blucher.com.br
www.blucher.com.br

FICHA CATALOGRÁFICA

Richter, Carlos A.
Tratamento de lodos de estações de tratamento de água/ Carlos A. Richter - São Paulo: Blucher, 2001.

Bibliografia.
ISBN 978-85-212-0289-9

1. Água - Purificação 2. Lodo residual 3. Resíduos das estações de tratamento de água - Purificação I. Título.

04-6991 CDD-628.162

Índices para catálogo sistemático:

1. Estações de tratamento de água: Lodos: Tratamento: Engenharia sanitária 628.162
2. Lodos: Tratamento: Estações de tratamento de água: Engenharia sanitária 628.162
3. Tratamento de lodos de estações de tratamento de água: Engenharia sanitária 628.162

PREFÁCIO

El tratamiento de agua potable ha registrado en las últimas décadas avances notables tras el objetivo de alcanzar niveles crecientes de calidad del producto y en consecuencia, mejoras en la salud pública de la población. Este desarrollo se ha dado mediante incorporación de procesos tecnológicos costo eficientes capaces de dar satisfacción a requerimientos de calidad cada día más exigentes.

Estos procesos, no obstante, son generadores de subproductos residuales, capaces de afectar la calidad del medio en donde son dispuestos, en la medida que no sean tomadas las providencias necesarias. En función de ello, la normativa internacional en los últimos años comienza a ser cada vez más exigente de manera de minimizar tales afectaciones.

Resulta por lo tanto un gran desafío, particularmente en América Latina, complementar el avance y las necesidades crecientes de cantidad y calidad de agua potable, con las necesarias acciones tendientes a disponer adecuadamente de los residuos generados en los procesos implantados, de manera de no generar perjuicios al medio ambiente.

Esta nueva obra del Ing. Carlos Richter, constituye un excelente documento, de gran valor didáctico, donde se encara la temática del tratamiento y disposición final de los lodos generados en estaciones de agua potable, de forma rigurosa y práctica a la vez. En efecto, en virtud de la notable experiencia y formación del autor, se logran conjugar en el libro, aspectos teóricos vinculados a la modelación de los distintos fenómenos analizados, así como antecedentes prácticos de operaciones reales realizadas con esta temática tan particular. Asimismo, y sin perjuicio de la necesaria amplitud en la consideración de diferentes alternativas para los distintos procesos considerados, resulta por demás valiosa y plausible la opinión del autor, amplio conocedor del campo de aplicación de los mismos. Los ejemplos y ejercicios resueltos, así como las numerosas ilustraciones, contribuyen sobremanera para la buena comprensión de todos los temas.

En síntesis, se trata de un muy valioso documento, sobre un área temática poco desarrollada y divulgada, y con un amplio campo de aplicación actual y en el futuro próximo. Se trata un gran aporte de conocimientos indispensables y de gran utilidad para profesionales y estudiantes del área, así como una importante contribución a la bibliografía técnica.

Prof. Francisco Gross
Universidad Del Uruguay

CONTEÚDO

1 RESÍDUOS DAS ESTAÇÕES DE TRATAMENTO DE ÁGUA

1 — INTRODUÇÃO

Desde há muito tempo, o destino dos resíduos de uma estação de tratamento de água tem sido um curso de água próximo, freqüentemente a própria fonte que a estação processa. Entretanto, a crescente preocupação e a regulamentação sobre a preservação ou recuperação da qualidade do meio ambiente, têm restringido ou mesmo proibido o uso deste método de disposição, impondo a procura por outros métodos que não ou pouco interferem com o meio ambiente. Nos Estados Unidos, desde 1972, com a aprovação das emendas ao "National Pollutant Discharge Act", considera-se o lodo gerado no tratamento de água como resíduo industrial e, assim, sujeito a restrições legais.

Entre os métodos alternativos de disposição de lodos pode-se incluir o lançamento na rede coletora, em lagoas com largo tempo de detenção, aplicação no terreno, aterros sanitários e aproveitamento de subprodutos. Estes últimos três métodos de disposição exigem a desidratação do lodo a um nível que permita facilitar seu manuseio e reduzir os custos de transporte, por meio da redução de volume e conseqüente aumento de densidade. Para isso, diversas tecnologias de manejo de lodo têm sido testadas, incluindo processos não mecânicos como lagoas e leitos de secagem, e dispositivos mecânicos como filtração a vácuo, filtros prensa, centrifugação e filtros prensa de correia.

O tratamento e a disposição do lodo é uma atividade usualmente muito dispendiosa, geralmente sendo a prensa desaguadoura a alternativa mais econômica e as lagoas e leitos de secagem as mais caras, diferentemente do que, à primeira vista, pode parecer. Segundo Kawamura[1], o custo dos diversos métodos de desidratação cresce segundo a seqüência abaixo:

Prensa desaguadoura → Centrífuga → Filtração a vácuo → Leito de secagem

Usualmente o objetivo final do manejo de lodos é a sua disposição em um aterro. Para isso, é necessário desidratá-lo a um teor de sólidos mínimo de 20%. Valores iguais ou superiores a este, são, atualmente, obtidos sem muita dificuldade com o emprego de decantadores centrífugos ou de filtros prensa de correia, a um custo razoável comparado às demais opções. Para o projeto de um sistema de desidratação de lodos é necessário conhecer:

a. Características do lodo
b. Estimativa da quantidade de lodo produzida
c. Métodos para minimizar a quantidade de lodo produzida
d. Métodos de desidratação

2 — CARACTERÍSTICAS GERAIS DO LODO

Na sua forma mais comum, o lodo das estações de tratamento de água é basicamente o produto da coagulação da água bruta e, assim, tem uma composição aproximada daquela, acrescido dos produtos resultantes do coagulante utilizado, principalmente hidróxidos de alumínio ou de ferro. Outra origem importante de lodo é a precipitação de carbonatos no processo de abrandamento nas estações para remoção de dureza. Deste modo, as características do lodo variam com a natureza da água bruta, dos processos unitários e produtos químicos aplicados. Entretanto, pode-se delinear algumas generalizações de modo a antecipar informações para o dimensionamento e projeto de sistemas de desidratação.

De um modo geral, considera-se como lodo de uma estação de tratamento o resíduo constituído de água e sólidos suspensos originalmente contidos na fonte de água, acrescidos de produtos resultantes dos reagentes aplicados à água nos processos de tratamento. As duas fontes mais importantes são os lodos decantados (ou flotados) e a água de lavagem dos filtros. A porcentagem de lodo removida depende da sua origem — se de decantadores ou de flotadores, de filtros rápidos convencionais, de unidades de filtração direta, e da técnica ou metodologia que é usada para a remoção do lodo, e geralmente se encontra entre 0,2 a 5 % do volume tratado pela estação de tratamento, havendo casos excepcionais de instalações de filtração direta, onde a presença de algas eleva esta perda a valores tão altos como 30 – 40 %. Os decantadores convencionais são os que apresentam os valores mais baixos, geralmente inferiores a 0,5 % de perdas, dependendo da freqüência das descargas e os clarificadores em manto de lodos são os que apresentam os maiores valores (1 – 5%), com os decantadores laminares em uma posição intermediária (0,5 – 2 %).

As características dos lodos de uma estação de tratamento de água dependem primordialmente da cadeia de processos, que pode incluir troca iônica e/ou separação por membranas (microfiltração, ultrafiltração, osmose reversa etc.). Estes processos são, contudo, raramente empregados. A maioria das estações de tratamento está incluída em duas categorias básicas:

- *Coagulação/Filtração:* O tipo tradicional inclui, como processos unitários mais utilizados na cadeia de tratamento com a finalidade básica de remoção de cor/turbidez: pré-sedimentação, oxidação, coagulação/floculação, clarificação por decantação ou por flotação, filtração e desinfecção. Alguns processos são, às vezes, suprimidos, como na filtração direta ou por contato, onde não há a separação de sólidos intermediária por decantação ou por flotação.

- *Abrandamento (ou remoção de dureza) por precipitação:* A estrutura física das unidades de processo é igual ou semelhante ao tipo tradicional por coagulação/filtração, porém a finalidade básica é a remoção de dureza, através da precipitação do carbonato de cálcio e/ou de magnésio.

A seguir serão discutidas as propriedades mais importantes dos lodos provenientes da coagulação por sais de alumínio e ferro, coagulantes mais utilizados, e da remoção de dureza.

Lodos provenientes da coagulação.

Na coagulação da água para remoção de cor e turbidez com sais de alumínio e ferro, os flocos resultantes são removidos nas unidades de decantação (ou de flotação) e nos filtros. Dependendo da natureza físico-química da água bruta, da eficiência hidráulica das unidades de processo e do tipo e dose de coagulante aplicado, entre 60 a 95% do lodo gerado é acumulado nos tanques de decantação (flotação) e o restante nos filtros.

A remoção de lodos dos tanques de decantação pode ser contínua ou intermitente, a primeira forma preferida para instalações de grande capacidade e/ou do tipo de manto de lodos. A concentração de sólidos no lodo decantado aumenta com o tempo em que fica acumulado, pelo efeito de adensamento. Tanques de decantação horizontal de limpeza manual podem ter o lodo acumulado por 2-3 meses ou mais. Neste caso a concentração de sólidos no lodo é geralmente alta, enquanto que as unidades de remoção contínua apresentam as menores concentrações, aproximando-se dos valores típicos para a água de lavagem dos filtros. Os filtros são usualmente lavados por curtos períodos a cada 24-72 h, utilizando grandes volumes de água. A concentração de sólidos na água de lavagem não depende da quantidade de flocos carreada para o filtro, mas da capacidade de acumulação do leito filtrante, isto é do depósito específico. Ao contrário, a freqüência de lavagem dos filtros, e, portanto, o volume de água gasto, dependem da qualidade do afluente aos filtros. Em unidades de filtração direta, por exemplo, os ciclos de filtração podem ser de 6 h ou menos, porém a composição e concentração de sólidos não deve variar com a freqüência da lavagem, porque a capacidade de retenção de sólidos é uma característica fixa de um determinado tipo de leito filtrante.

Lodo de sulfato de alumínio

O lodo de sulfato de alumínio é um líquido não-newtoniano, gelatinoso, cuja fração de sólidos é constituída de hidróxido de alumínio, partículas inorgânicas, colóides de cor e outros resíduos orgânicos, inclusive bactérias e outros organismos removidos no processo de coagulação. Existe pouca informação a respeito da quantidade e composição de sólidos nos lodos provenientes da coagulação. Em geral, o conteúdo de sólidos totais no lodo de tanques de decantação varia entre 1.000 a 40.000 mg/l (0,1 a 4 %) e entre 40 a 1.000 mg/l (0,004 a 0,1 %) na água de lavagem dos filtros. Normalmente, 75-90% destes valores representam sólidos suspensos e 20-35% compostos voláteis. Geralmente apresenta uma pequena proporção de biodegradáveis e valores de pH próximos ao neutro. A Tabela 1.1 resume valores típicos de análises de lodos de sulfato de alumínio:

Tabela 1.1 – Características típicas do lodo de sulfato de alumínio Adaptado de Montgomery[2], 1985

Sólidos Totais (%)	Al_2O_3.5,5H_2O (%)	Inorgânicos (%)	Matéria Orgânica (%)	pH	DBO (mg/l)	DQO (mg/l)
0,1 - 4	15 - 40	35 - 70	15 - 25	6 - 8	30 - 300	30 - 5000

As reações que ocorrem com a adição do sulfato de alumínio à água podem ser simplificadas como segue:

$$Al_2(SO_4)_3 + 6\ H_2O \rightarrow 2\ Al(OH)_3 \downarrow + 6\ H^+ + 3\ SO_4^{2-}$$

Na presença de suficiente alcalinidade natural,

$$HCO_3^- + H^+ \leftrightarrow H_2CO_3$$

$$Al_2(SO_4)_3.14\ H_2O + 3\ Ca(HCO_3)_2 \rightarrow 2\ Al(OH)_3\downarrow + 3\ CaSO_4 + 6\ H_2CO_3 + 14\ H_2O$$

Se a alcalinidade natural é insuficiente, então cal virgem ou hidratada ou qualquer outro alcalinizante pode ser adicionado:

$$Al_2(SO_4).14\ H_2O + 3\ Ca(OH)_2 \rightarrow 2\ Al(OH)_3\downarrow + 3\ CaSO_4 + 6\ H_2CO_3 + 14\ H_2O$$

Com o sulfato de alumínio comercial $Al_2(SO_4)_3.14\ H_2O$, 1 mg/l deste produto contém 17 % como Al_2O_3 e forma 0,26 mg/l de hidróxido $Al(OH)_3$.

Os lodos de sulfato de alumínio sedimentam com relativa facilidade, porém sua baixa compactilidade resulta em um grande volume e baixo teor de sólidos. Os lodos resultantes do tratamento de água bruta com alta turbidez são mais fáceis de compactar por sedimentação (adensamento) do que lodos de águas de baixa turbidez, como mostra a Tabela 1.2, adaptada de Knoke[3], 1987.

Tabela 1.2 – Efeito do mecanismo de coagulação no adensamento de lodos

Turbidez da Água Bruta (NTU)	Dosagem de Sulfato (mg/l)	pH de Coagulação	Concentração de Sólidos Sedimentados (%)
40	15	6,3	5,5
16	**42**	**6,8**	**2,2**
7	75	7,1	1,0
7	75	8,1	0,5

Nota: Os dados em ***negrito*** são resultados da Usina de Aguas Corrientes, Uruguai.

Verifica-se que os lodos com menor proporção de hidróxido de alumínio são mais fáceis de adensar e, portanto, de uma desidratação posterior. Ao contrário, os lodos provenientes de águas pouco turvas, e com dosagens elevadas de coagulante, são os mais difíceis de tratar. A relação entre a quantidade de coagulante aplicada e os sólidos totais presentes no lodo determina, portanto, a eficiência dos processos de desidratação, sendo particularmente importante na seleção de prensas desaguadouras, onde os valores mais baixos (baixa turbidez e alta dosagem de coagulante) resultam em maiores taxas de aplicação (em kg/h por metro de esteira).

A Tabela 1.3 resume os resultados esperados para diversos processos de tratamento para lodos com diferentes concentrações de sólidos e provenientes da coagulação de águas com baixa turbidez, de acordo com a prática inglesa[4]:

Tabela 1.3. Concentração de lodos de águas de baixa turbidez

Processo de tratamento de lodo:	Concentração (%)	
	Na entrada:	Na saída:
Decantação estática	0,03 – 0,2	1 – 3
Adensamento contínuo		
sem polieletrólito	0,03 – 0,2	2 –3
com polieletrólito	0,03 – 0,2	2 – 5
Flotação	0,03 – 0,2	3 - 6
Centrifugação	1 - 5	15 – 20
Prensas desaguadouras ("belt-filters")	1 - 5	15 – 25
Filtro a vácuo	2 - 6	15 – 17
Filtro prensa	2 - 6	20 - 25

A aparência e características do lodo de sulfato de alumínio variam com a concentração de sólidos, como indicado na Tabela 1.4.

Tabela 1. 4. Aparência do lodo de sulfato de alumínio

Concentração de sólidos (%)	Aparência do lodo
0 – 5	Líquido
8 - 12	Esponjoso, semi-sólido
18 - 25	Argila ou barro suave

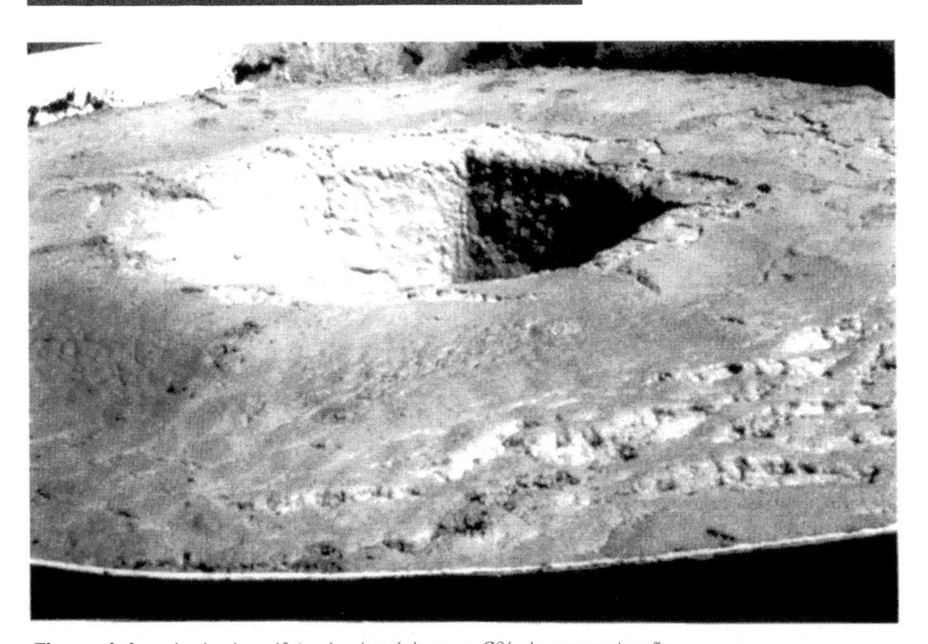

Figura 1.1 — *Lodo de sulfato de alumínio com 6% de concentração*

A Figura 1.1 mostra o aspecto típico de um lodo de sulfato de alumínio obtido por flotação (Estação de tratamento de água de Meaípe, ES). Note-se o aspecto esponjoso e semi-sólido, descarregando com dificuldade para o poço central.

Lodo de Coagulantes Férricos

Os lodos provenientes da coagulação com sais de ferro apresentam características semelhantes às do lodo de sulfato de alumínio. Suas características típicas são dadas na Tabela 1.5 a seguir:

Tabela 1.5. Características típicas de lodos de sais de ferro

Sólidos totais (%)	Fe (%)	Voláteis (%)	pH
0,25 - 3,5	4,6 - 20,6	5,1 - 14,1	7,4 - 9,5

Os coagulantes férricos mais utilizados são o cloreto férrico – $FeCl_3.6H_2O$ e o sulfato férrico – $Fe_2(SO_4)$.

As reações com a alcalinidade presente ou adicionada na água são semelhantes às do sulfato de alumínio:

a) sulfato férrico

Alcalinidade natural:

$$Fe_2(SO_4)_3 + 3Ca(HCO_3)_2 \rightarrow 2Fe(OH)_3\downarrow + 3CaSO_4 + 6CO_2$$

Cal:

$$Fe_2(SO_4)_3 + 3Ca(OH)_2 \rightarrow 2Fe(OH)_3\downarrow + 3CaSO_4$$

b) cloreto férrico

Alcalinidade natural

$$2FeCl_3.6H_2O + 3Ca(HCO_3)_2 \rightarrow 2Fe(OH)_3 \downarrow + 3CaCl_2 + 6CO_2 + 6H_2O$$

Cal:

$$2FeCl_3.6H_2O + 3Ca(OH)_2 \rightarrow 2Fe(OH)_3\downarrow + 3CaCl_2 + 6H_2O$$

Os comentários feitos para as reações com o sulfato de alumínio são válidos para os coagulantes férricos, devendo ser salientado que 1 mg/l de cloreto férrico produz 0,40 mg/l de $Fe(OH)_3$, enquanto que o sulfato férrico forma 0,56 mg/l de hidróxido.

Lodos provenientes do abrandamento por cal.

O lodo formado no processo de abrandamento por cal apresenta um conteúdo de sólidos totais que varia entre 2 a 25%. É constituído principalmente do carbonato de cálcio precipitado e praticamente isento de matéria orgânica, com DBO e DQO próximas ou iguais a zero. A Tabela 1.6 mostra a composição típica deste tipo de lodo:

Tabela 1.6. Composição típica de um lodo de cal

Sólidos Totais (%)	$CaCO_3$ (%)	Sílica como SiO_2 (%)	Carbono Total (%)	Alumínio como Al_2O_3(%)	Magnésio como MgO (%)
2 - 25	75	6	7	3	2

A composição, a massa e o volume variam com a dureza removida e outras características físico-químicas da água bruta. Para cada mg/l de dureza removida, serão formados 2 a 3 mg/l de lodo. O uso de um coagulante de alumínio ou de ferro pode aumentar consideravelmente o volume de lodo produzido.

3 — TRATAMENTO DOS LODOS

O tratamento dos lodos de uma estação de tratamento de água visa obter condições adequadas para sua disposição final, como obter um estado sólido ou semi-sólido, e, assim, envolve a remoção de água para concentrar os sólidos e diminuir o seu volume. Em suma, trata-se de aplicar algum método de separação sólido-líquido, realizada habitualmente por dois modos:

1. Filtração: operação unitária onde a separação sólido-líquido se dá através do fluxo da suspensão através de um meio ou de uma membrana porosa. A fase líquida ou filtrado passa através do meio ou da membrana e os sólidos são retidos no interior do meio ou na superfície da membrana.
2. Separação gravitacional: termo genérico para os métodos de separação onde os sólidos sendo submetidos a um campo de forças (gravitacional, centrífugo) são removidos em conseqüência de sua diferença de densidade em relação ao fluido. O termo sedimentação (ou decantação[1]) refere-se à separação da água, por efeito da gravidade, de sólidos mais densos do que a água. Na centrifugação, ocorre uma sedimentação acelerada, decorrente de uma grande força centrífuga, da ordem de 2.000 vezes a força da gravidade. O processo reverso da sedimentação é a flotação, onde as partículas bóiam e se acumulam na superfície do líquido, em virtude de sua menor densidade em relação à do fluido.

A fração de água no lodo pode ser classificada em três categorias: (i) água livre, que não está intimamente ligada aos sólidos do lodo; (ii) água capilar e da camada aderida por forças de superfície; (iii) ligação química (hidratação).

A água livre pode ser separada dos sólidos por gravidade ou por filtração. São exemplos os adensadores por gravidade ou por flotação e os decantadores centrífugos, como as unidades de processo mais comuns que utilizam a separação gravitacional. Os leitos de secagem utilizam um meio de areia para escoamento da água livre e a evaporação complementar por um largo tempo de exposição ao ambiente permite obter concentrações de sólidos da ordem de 15 – 25 %, comparáveis com os resultados obtidos com dispositivos mecânicos.

[1] A sedimentação de partículas floculentas é usualmente denominada decantação

A água capilar e a água presa por ação das forças de superfície só podem ser removidas na filtração pela ação de gradientes de pressão que vençam as resistências à sua separação, como a tensão superficial. Os aparelhos mecânicos mais usados para esta finalidade têm sido o filtro a vácuo, o filtro prensa e o filtro prensa de correia ou prensa desaguadoura. Esta ordem de apresentação corresponde também à freqüência de utilização destes aparelhos. O filtro a vácuo foi um dos primeiros dispositivos a ser testado para a desidratação dos lodos, porém se mostrou ineficiente, de difícil operação e alto custo. Atualmente, a prensa desaguadoura é o equipamento preferido, por seu menor custo de investimento e operacional, com uma eficiência satisfatória.

Um fluxograma geral que representa a cadeia de processos de uma estação de tratamento convencional, com o tratamento de lodos correspondente é dado na Figura 1.2 a seguir.

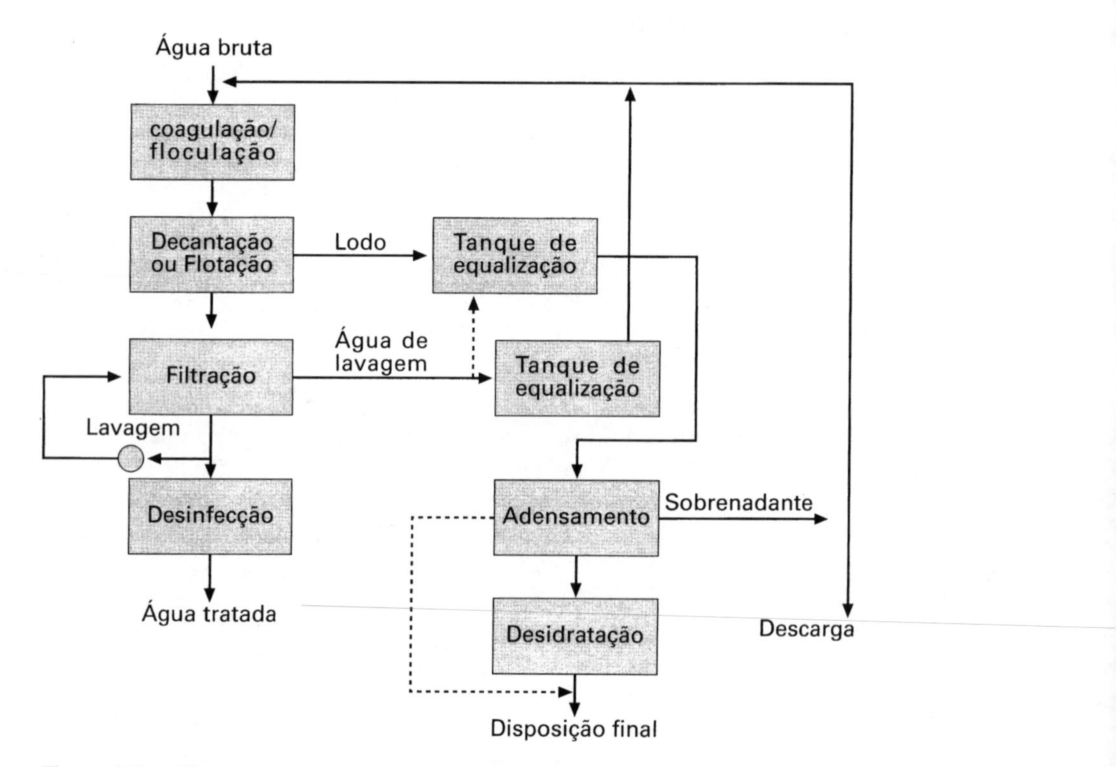

Figura 1.2 — *Fluxograma de uma estação convencional com tratamento de lodos*

Assim, como mostra o fluxograma, o tratamento dos lodos possibilita a recirculação da água de lavagem dos filtros e da água removida dos lodos, possibilitando fazer uma estação de tratamento sem perdas nos processos, isto é, com 100% de eficiência em termos de volume produzido.

Referências

1. Kawamura, S. — *Integrated Design and Operation of Water — Treatment Facilities*, John Wiley & Sons, 2000.
2. Montgomery, J.M. – *Water Treatment Principles and Design*, John Wiley & Sons, 1985.
3. Knoke, W.R., J.R. Harmon & B.R. Dulin, 1987 – Effects of coagulation on sludge thickening and dewatering, *JAWWA* 79:89.
4. *WRc – Water Treatment Processes and Practices*, Swindon, Reino Unido, 1992.

Leitura complementar recomendada

1. Tebbutt, T.H.Y – *Principles of Water Quality Control*, Pergamon Press, 1971.

2 PROPRIEDADES FÍSICAS DO LODO

1 — MASSA, VOLUME E DENSIDADE

A quantidade de lodo gerada na coagulação depende da natureza físico-química da água, da dose e tipo do coagulante e demais substâncias envolvidas na coagulação. Várias equações foram propostas para a previsão da massa e/ou volume de lodo que pode ser gerado em uma estação de tratamento, porém a mais prática é a que segue:

$$S = \frac{(0{,}2\ C + k_1 T + k_2 D)}{1.000} \qquad \textbf{(2.1a)}$$

onde S = massa de sólidos secos precipitada em quilogramas por metro cúbico de água tratada,
C = cor da água bruta, °H
T = turbidez da água bruta, UNT
D = dosagem de coagulante, mg/l

O coeficiente k_1 é a relação entre sólidos suspensos totais e turbidez, podendo variar entre 0,5 e 2,0; os valores mais baixos correspondem a águas de baixa turbidez e/ou de elevado teor de matéria orgânica; os mais altos, a águas de turbidez elevada e muito mineralizadas. Para turbidezes menores que 100 UNT, o teor de sólidos em mg/l é aproximadamente igual à turbidez em unidades nefelométricas (UNT). Valor usual, que pode ser utilizado na maioria das situações: k_1 = 1,3. A Figura 2.1 mostra uma correlação entre a turbidez e os sólidos suspensos totais. Neste caso, o coeficiente é igual a um.

O coeficiente k_2 corresponde à relação estequiométrica na formação do precipitado de hidróxido e depende do coagulante utilizado, conforme a Tabela 2.1:

Tabela 2.1. Valores de k_2

Coagulante	k_2
Sulfato de alumínio	0,26
Cloreto férrico	0,40
Sulfato férrico	0,54

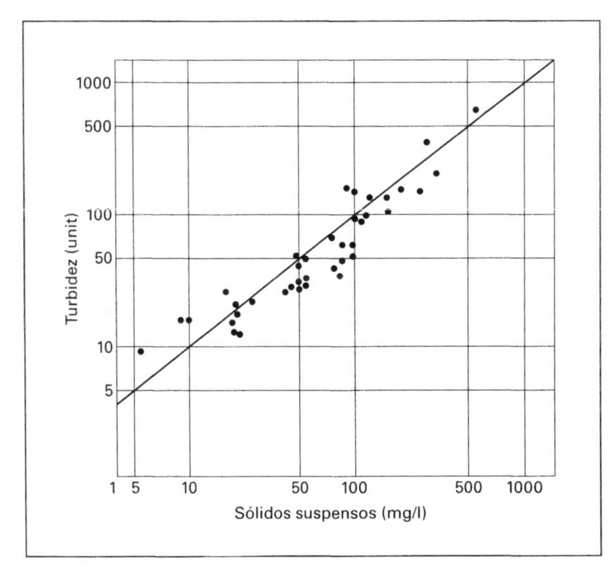

Figura 2.1 — *Relação entre a turbidez e sólidos suspensos (adaptado de Cornwell[1])*

A quantidade de lodo produzida nas estações de abrandamento da água varia com a dureza da água bruta, da química da água e da qualidade final da água desejada. Se a água é proveniente de águas de poços (turbidez e cor ausentes) onde somente se considera a remoção da dureza de carbonatos, então a massa de sólidos secos precipitados pode ser calculada como:

$$S = \frac{2{,}0\,Ca + 2{,}6\,Mg}{1.000} \qquad \textbf{(2.1b)}$$

onde S = sólidos secos precipitados em kg/m^3
Ca = dureza de cálcio removida como $CaCO_3$, mg/l
Mg = dureza de magnésio removida como $CaCO_3$. mg/l

Para águas superficiais, a aplicação de um coagulante no processo de abrandamento, pode elevar consideravelmente a quantidade de lodo produzida e, neste caso, deve-se acrescentar a quantidade representada pela equação 2.1a.

A massa de sólidos por unidade de tempo removida na unidade de processo pode ser calculada pela seguinte expressão:

$$M_s = \eta SQ \qquad \textbf{(2.2)}$$

sendo η o rendimento da unidade de processo e Q a vazão. Decantadores eficientes geralmente têm um rendimento superior a 90% e tanques de flotação 95% ou mais na remoção de sólidos. Geralmente se pode adotar η = 1,0. Entretanto, algumas unidades de manto de lodos, tratando águas de baixa turbidez, podem apresentar uma eficiência muito baixa, como 70% ou menos, fato que deve ser considerado no dimensionamento do sistema de desidratação.

Sendo C a porcentagem de sólidos secos no lodo, em m/m, a massa de lodos precipitada é:

$$M_L = \frac{M_S}{C} \qquad (2.3)$$

Valores típicos da concentração de sólidos C são dados na Tabela 1.3, no capítulo anterior.

Para o cálculo do volume de lodos, é necessário conhecer a sua massa específica ou densidade. Deve-se distinguir a densidade dos lodos da densidade das partículas primárias coaguladas. O material floculento não tem uma densidade fixa, que varia com o grau de compactação, porquanto, à medida que as partículas ou microflocos crescem na fase de floculação, volumes variáveis de água incorporam-se ao floco. Camp[1], em 1946, relatou que águas de alta turbidez, contendo como sólidos secos principalmente sílica, argila e silte finamente divididos, com massa específica média de 2.600 kg/m^3, quando coaguladas com sulfato de alumínio, resultavam em lodos com apenas 1.030 kg/m^3 de massa específica, contendo 95% de água (v/v).

A massa específica do lodo varia, portanto, com o conteúdo de água. Pode variar de 1.002 kg/m^3 para lodos com apenas 1% de sólidos secos a 1.200-1.500 kg/m^3 após a desidratação. Uma estimativa da densidade do lodo proveniente de águas com teor elevado de material inorgânico, coagulado com sais de alumínio ou de ferro, pode ser feita admitindo a densidade dos sólidos secos em cerca de 2.300 kg/m^3. Quando a água é de baixa turbidez e predomina matéria orgânica, a massa específica dos sólidos secos pode resultar tão baixa como 1.300 kg/m^3. Na estimativa do volume de lodo produzido, pode-se adotar em projetos como densidade de sólidos secos o valor médio de 1.800 kg/m^3.

A densidade do lodo pode ser determinada pela equação seguinte:

$$\delta_L = \frac{1}{\frac{C}{\delta_S} + \frac{1-C}{\delta}} \qquad (2.4)$$

e, finalmente, o seu volume V_L por:

$$V_L = \frac{M_L}{\delta_L} \qquad (2.5)$$

ou

$$V_L = \frac{C + (1-C)\frac{\delta_S}{\delta}}{\delta_S} \cdot M_L \qquad (2.6)$$

Nas equações acima, δ, δ_S e δ_L representam, respectivamente, a densidade da água, a dos sólidos secos e a do lodo. A Tabela 2.2 dá a densidade do lodo calculada para diversas concentrações e densidade de sólidos. Verifica-se que um lodo desidratado o suficiente para ser manuseado como sólido dificilmente terá uma densidade superior a 1.200 kg/m^3.

Tabela 2.2. Densidades do lodo (kg/m³)

C (%)	δ_S = 1,3	δ_S = 1,5	δ_S = 2,0	δ_S =2,5	δ_S = 2,75
1	1.002	1.003	1.005	1.006	1.006
3	1.007	1.010	1.015	1.018	1.019
6	1.014	1.020	1.031	1.037	1.040
10	1.024	1.034	1.050	1.064	1.068
15	1.036	1.053	1.081	1.099	1.106
20	1.048	1.071	1.111	1.136	1.146
25	1.061	1.090	1.143	1.176	1.189
30	1.074	1.111	1.176	1.220	1.236

Exemplo 2.1: Determinar a massa e volume de lodos de uma estação de tratamento que trata 135 l/s. O lodo é proveniente da flotação a ar dissolvido, com um rendimento na remoção de sólidos de 90% e resulta em uma concentração de sólidos secos de 2,0% (m/m). A água bruta apresenta uma turbidez de 60 UNT e 80°H de cor. A dosagem de coagulante necessária à coagulação é de 18 mg/l de sulfato férrico. A água bruta caracteriza-se por baixa turbidez e elevada concentração de matéria orgânica, podendo-se admitir, portanto, uma densidade dos sólidos: δ_S = 1.500 kg/m³ e uma relação entre o valor da turbidez e sólidos totais k_1 = 1,3. Densidade da água: δ = 1.000 kg/m³.

Solução: 1. A massa de sólidos total precipitada na coagulação, por unidade de volume de água tratada, sendo k_2 = 0,54 (sulfato férrico), é:

$$S = \frac{(0{,}2C + k_1T + k_2D)}{1.000} = \frac{0{,}2 \times 80 + 1{,}3 \times 60 + 0{,}54 \times 18}{1.000} = 0{,}104\,\text{kg}/\text{m}^3$$

Massa de sólidos removida na flotação por unidade de tempo:

$$M_S = \eta\, SQ = 0{,}9 \times 0{,}104 \times 0{,}135 = 0{,}013\,\text{kg}/\text{s}$$

A massa de lodos correspondente é

$$M_L = \frac{M_S}{C} = \frac{0{,}013}{0.02} = 0{,}63\,\text{kg}/\text{s}$$

2. A densidade do lodo resultante (a 2% de sólidos com δ_S = 1.500 kg/m³) é,

$$\delta_L = \frac{1}{\dfrac{C}{\delta_S} + \dfrac{1-C}{\delta}} = \frac{1}{\dfrac{0.02}{1.500} + \dfrac{1-0{,}02}{1.000}} = 1006{,}7\,\text{kg}/\text{m}^3$$

e o volume de lodo produzido por unidade de tempo:

$$V_L = \frac{M_L}{\delta_L} = \frac{0{,}63}{1.006{,}7} = 6{,}259 \times 10^{-4}\,\text{m}^3/\text{s}$$

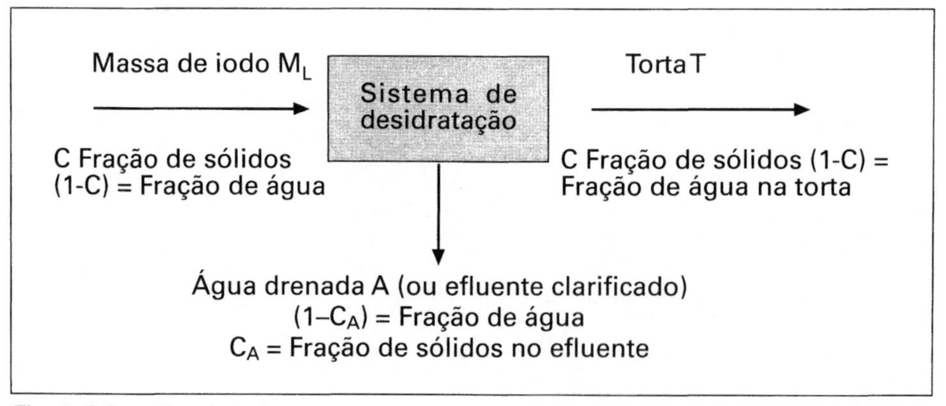

Figura 2.2 — *Equilíbrio de massas em um sistema de desidratação de lodos*

Como não há reações químicas no processo de desidratação de lodos, o equilíbrio de massas representado na Figura 2.2 entre o afluente e efluente líquidos e o resíduo seco (torta), dá as seguintes equações:

$$A + T = M_L \quad \text{(Equilíbrio geral)}$$

$$(1 - C_T) \cdot T + (1 - C_A) \cdot A = (1 - C) \cdot M_L \quad \text{(Equilíbrio do componente água)}$$

Resolvendo estas equações, acha-se,

$$T = \frac{C - C_A}{C_T - C_A} \cdot M_L \quad \textbf{(2.7)}$$

e

$$A = M_L - T \quad \textbf{(2.8)}$$

Nestas equações, M_L, T e A representam respectivamente a massa de lodo afluente e a massa de torta e de água geradas no equipamento de desidratação por unidade de tempo, enquanto que C, C_T e C_A as concentrações de sólidos correspondentes. Como a concentração de sólidos na água drenada é geralmente muito pequena, a equação (2.7) pode ser simplificada a

$$T = \frac{C}{C_T} \cdot M_L \quad \textbf{(2.9)}$$

e a equação (2.8) pode ser transformada para dar a vazão de água drenada, dividindo-a pela densidade da água:

$$q_A = \frac{M_L - T}{\delta} \quad \textbf{(2.10)}$$

Exemplo 2.2 O lodo do exemplo anterior será submetido à desidratação em um sistema que permitirá obter uma torta com 25% de sólidos secos. Determinar a massa e o volume da torta produzida e a vazão de água drenada. A concentração de sólidos na água drenada é praticamente nula.

Solução:

1. Dados:

$M_L = 0{,}63$ kg/s
$C = 2\%$
$C_T = 25\%$
$\delta_S = 1500$ kg/m^3

2. Massa da torta resultante por unidade de tempo:

$$T = \frac{C}{C_T} \cdot M_L = \frac{0{,}02}{0{,}25} \times 0{,}63 = 0{,}05 \, \text{kg/s}$$

3. Densidade da torta:

$$\delta_T = \frac{\delta_S}{\frac{\delta_S}{\delta} + C_T\left(1 - \frac{\delta_S}{\delta}\right)} = \frac{1500}{\frac{1.500}{1.000} + 0{,}25\left(1 - \frac{1.500}{1.000}\right)} = 1.090 \, \text{kg/m}^3$$

4. Volume da torta resultante por unidade de tempo:

$$V_T = \frac{T}{\delta_T} = \frac{0{,}05}{1.090} = 4{,}6 \times 10^{-5} \, \text{m}^3/\text{s}$$

5. Vazão de água drenada:

$$q_A = \frac{M_L - T}{\delta} = \frac{0{,}63 - 0{,}05}{1.000} = 0{,}58 \times 10^{-3} \, \text{m}^3/\text{s} = 0{,}58 \, l/\text{s}$$

2 — FILTRAÇÃO

A filtração de lodos comporta-se diferentemente da filtração por gravidade utilizada usualmente nos processos de tratamento de água, onde as partículas são removidas da água nas cavidades porosas no interior do leito filtrante. Na filtração de lodos, as partículas formam uma "torta" na superfície do meio filtrante e a massa de sólidos retida atua, por si própria, como filtro. À medida que a torta se desenvolve, aumenta a resistência à passagem do fluido e a gravidade pode ser insuficiente para manter o fluxo, sendo necessário formar um gradiente de pressão que compense a resistência. A pressão pode ser gerada por uma bomba ou por rolos diretamente sobre o meio filtrante, método utilizado nos filtros prensa e nas prensas desaguadouras, ou pela pressão atmosférica de um lado e de uma sucção, gerando uma pressão negativa, do outro lado do meio filtrante, aplicado em filtros a vácuo.

No processo de filtração, a vazão é diretamente proporcional ao gradiente de pressão através do meio filtrante e inversamente proporcional à resistência ao fluxo imposta pelo meio filtrante e pela torta gerada. Devido à interação de fatores de origem físico-química e hidrodinâmica, o estudo da resistência ao fluxo proporcionada pela torta de lodos é bastante complexo, porém pode ser descrito de uma maneira simplificada pela lei de Darcy, válida para fluxo laminar em meios porosos. A lei de Darcy estabelece que a perda de carga h através de um meio poroso é linearmente proporcional à velocidade *V*:

$$h = \frac{L\,V}{K} \qquad \textbf{(2.11)}$$

sendo *L* a extensão e *K* a condutividade hidráulica do meio, função da forma e tamanho dos poros, bem como da viscosidade da água. Note-se que a condutividade, inverso da resistência, é dada em unidades de velocidade LT^{-1} e é também denominada coeficiente de permeabilidade. Na desidratação de lodos é mais conveniente correlacionar a vazão com a resistência e a perda de carga em termos de pressão. Deste modo, a equação (2.11) pode ser reescrita como:

$$Q = \frac{P.A}{\mu.L.R} \qquad \textbf{(2.12)}$$

onde Q = vazão da suspensão de lodo sendo aplicada ($m^3.s^{-1}$),
P = pressão aplicada ($N.m^{-2}$),
A = área do filtro (m^2),
μ = coeficiente de viscosidade dinâmica ($N.s.m^{-2}$),
L = espessura do meio poroso (m),
R = resistência hidráulica do meio poroso (m^{-2}).

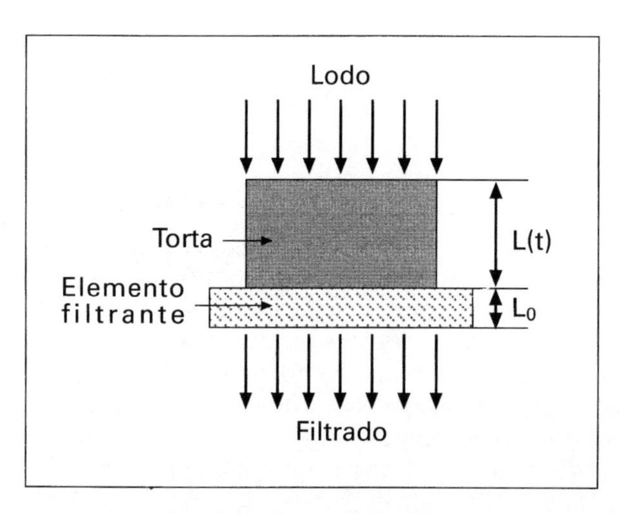

Figura 2.3 — *Esquema da filtração de lodos em uma superfície filtrante*

Na filtração a vácuo ou sob pressão a maior resistência é devida à torta, podendo a resistência do elemento filtrante ser desprezada.

Sendo V o volume filtrado num dado intervalo de tempo, o volume depositado é $v.V$, onde v é o volume de sólidos depositado por unidade de volume filtrado. Sendo $L = v.V/A$ a espessura média da torta (Fig. 2.3), a equação (2.12), resulta

$$Q = \frac{P.A}{\mu \frac{v.V}{A} R} = \frac{P.A^2}{\mu.v\,VR} \qquad \textbf{(2.13)}$$

É mais conveniente, entretanto, expressar a resistência em termos de massa por unidade de volume **r**, portanto $v.R = C.r$, onde C é a concentração de sólidos secos por unidade de volume filtrado. Substituindo em (2.13), e sendo $Q = dV/dt$, vem

$$\frac{dV}{dt} = \frac{P.A^2}{\mu CVr} \qquad \textbf{(2.14)}$$

Admitindo constante a pressão em um intervalo de tempo T e integrando a equação acima para t no intervalo de 0 a T, resulta

$$\frac{T}{V} = \frac{\mu CrV}{2PA^2} \qquad \textbf{(2.15)}$$

Esta última equação pode ser representada por uma reta do tipo $y = a.x$, com $y = T/V$ e $x = V$ e tendo por coeficiente angular $a = \mu.C.r/2P.A^2$. Na prática, esta reta não passa exatamente pela origem, mas pouco acima, devido à resistência do elemento filtrante.

Pode-se, então, determinar a resistência específica de um lodo, através da expressão:

$$r = \frac{2PA^2}{\mu C} a \qquad \textbf{(2.16)},$$

medindo o volume filtrado a diversos intervalos de tempo e plotando os valores $x = V$ e $y = T/V$ em um gráfico, a fim de determinar o coeficiente angular a da reta $y = ax$.

A massa de sólidos depositada por unidade de volume de filtrado C pode ser calculada por quaisquer das seguintes expressões:

$$C = \frac{1}{c_i\ /(1 - c_i) - c_f\ /(1 - c_f)} \qquad \textbf{(2.17)}$$

ou

$$C = \frac{C_f \cdot C_i}{C_f - C_i} \qquad \textbf{(2.18)}$$

onde C_i e C_f são, respectivamente, a concentração de sólidos na suspensão inicial e a concentração final na torta e c_i e c_f representam o conteúdo inicial e final de umidade correspondentes, em porcentagem por peso do lodo. Entre estes parâmetros, são válidas as relações:

$$C_i = 1 - c_i$$
$$C_f = 1 - c_f \qquad (2.19)$$

A resistência específica é facilmente determinada a partir de ensaios de laboratório, com uma montagem para filtração a vácuo com um funil de Buchner, como indicado na Figura 2.4. O funil de Buchner não é cônico como os comuns, porém tem um fundo plano perfurado. Um papel de filtro de diâmetro suficiente para cobrir toda a área perfurada é colocado no fundo plano, umedecido e aplicado um leve vácuo a fim de obter uma firme vedação contra o fundo. O ensaio é realizado colocando um volume da amostra de lodo no funil de Buchner e aplicando vácuo. A pressão de vácuo é medida com um vacuômetro e deve ser mantida constante por todo o ensaio. A quantidade de filtrado é medida, então, a diversos tempos. Com os dados obtidos, traça-se um gráfico como o da Figura 2.5, de onde se deduz o valor do coeficiente angular **a** e, com este valor, calcula-se a resistência específica.

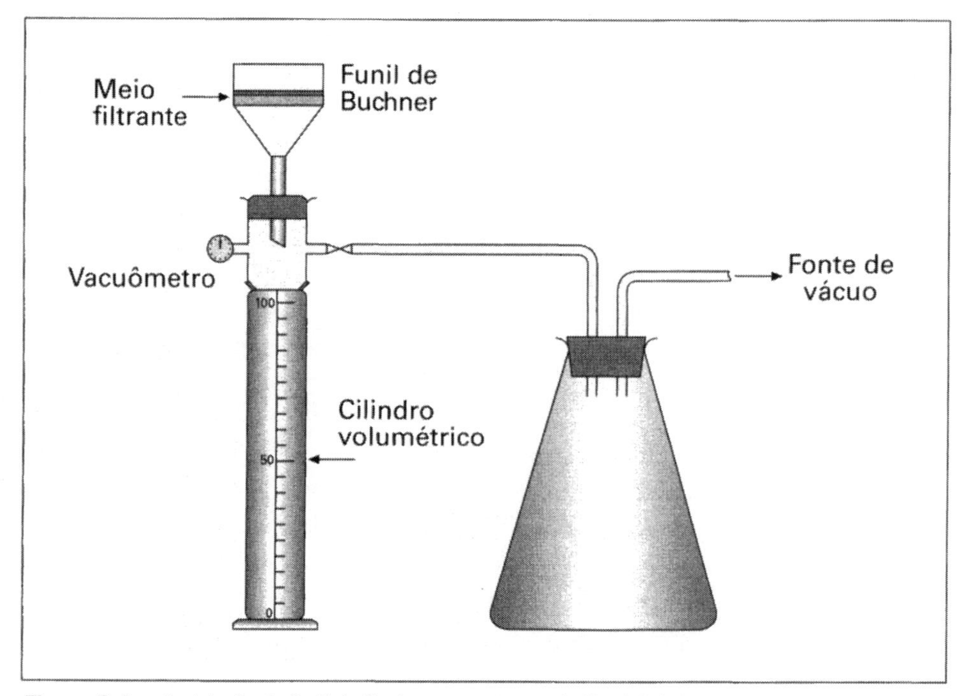

Figura 2.4 — *Instalação de funil de Buchner para testes de filtrabilidade*

Exemplo 2.3 Um lodo, proveniente da coagulação com cloreto férrico, removido de um decantador, foi previamente adensado resultando 3% de sólidos secos (m/v) e condicionado com um polímero aniônico. Foi, então, realizado um ensaio de filtração com papel filtro, aplicando-se um vácuo de 300 mmHg, tendo sido obtidos os resultados no quadro a seguir:

Volume filtrado, cm^3	50	100	150	200	250
Tempo de filtração, s	40	120	270	460	680
T/V, s/m^6 ($x10^6$)	0,8	1,2	1,8	2,3	2,7

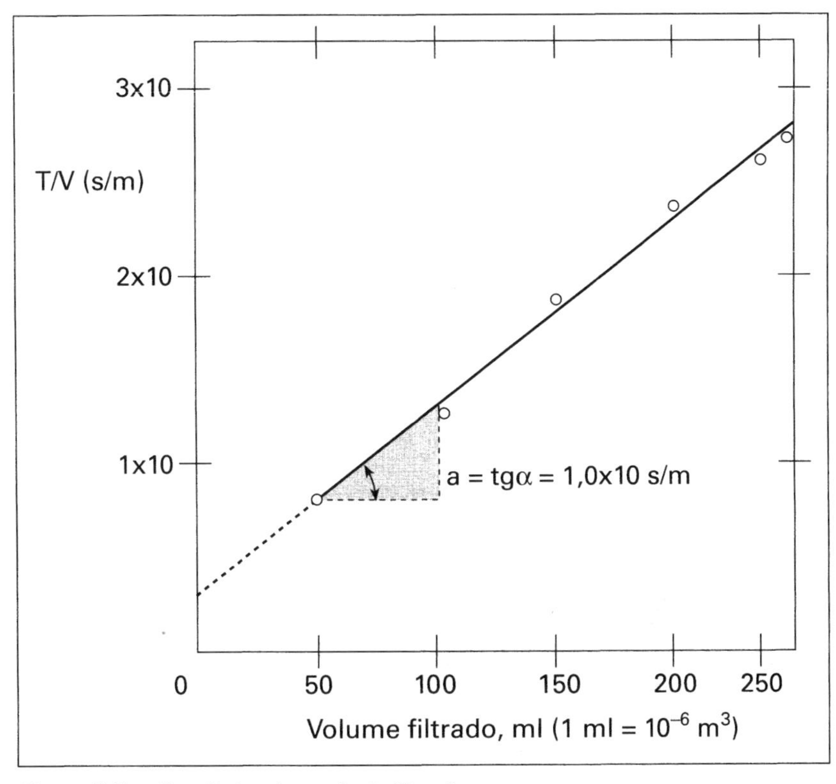

Figura 2.5 — *Resultados do ensaio de filtração*

Determinou-se o teor de sólidos no lodo retido, obtendo-se uma torta com 35% de sólidos secos em m/v. A temperatura do teste foi de 20°C ($\mu = 1{,}01 \times 10^{-3}$ $N.s.m^{-2}$) e foi utilizado um papel filtro com 15 cm de diâmetro. Determinar a resistência específica do lodo.

Solução:

1. Com os resultados obtidos traçou-se a reta indicada no gráfico da Figura 2.5, obtendo-se como coeficiente angular

$$a = \frac{\Delta y}{\Delta x} = \frac{(1{,}3 - 0{,}8) \times 10^6}{(100 - 50) \times 10^{-6}} = 1{,}0 \times 10^{10}\ s/m^6$$

2. A área filtrante é

$$A = \frac{\pi(0{,}15)^2}{4} = 0{,}018 m^2$$

3. A pressão de 300 mmHg deve ser convertida para N/m^2 (newtons por metro quadrado).

$$300 \times 1{,}36 \times 10^{-3} = 0{,}408 \text{ kg/cm}^2$$
$$0{,}408 \times 1.020 = 416{,}2 \text{ N/m}^2$$

4. Concentração de sólidos depositada por unidade de volume:

$$C_i = 3\% = 0{,}03 \text{ kg/l} = 30 \text{ kg/m}^3$$
$$C_f = 35\% = 350 \text{ kg/m}^3$$
$$C = \frac{C_f \cdot C_i}{C_f - C_i} = \frac{350 \times 30}{350 - 30} = 32{,}8\ kg\ /\ m^3$$

5. Cálculo da resistência específica. Aplicando os dados acima:

$$r = \frac{2PA^2}{\mu C} \cdot a = \frac{2 \times 416{,}2x(0{,}018)^2}{1{,}01 \times 10^{-3} \times 32{,}8} \cdot 10^{10} = 0{,}8 \times 10^{11}\ \text{m} \cdot \text{kg}^{-1}$$

A resistência específica é uma medida da maior ou menor facilidade de desidratação de um lodo e varia largamente dependendo das características da água bruta, do coagulante e auxiliares de coagulação utilizados, dos processos de tratamento submetidos à água bruta e do acondicionamento químico do lodo para a desidratação. Quanto menor a resistência mais fácil a desidratação. De um modo geral, lodos com resistência específica menor que 10×10^{11} desidratam com maior facilidade, enquanto que aqueles com resistência específica maior que 100×10^{11} são de difícil desidratação. O emprego de polímeros no acondicionamento dos lodos reduz a sua resistência específica, facilitando sua desidratação.

Os dados sobre a resistência específica são, portanto, úteis para avaliar as condições de desidratação de um lodo e a ação de polímeros sobre o mesmo. A Tabela 2.3 mostra alguns valores característicos da resistência específica comparados com resultados obtidos com o lodo da Usina de Aguas Corrientes[2]. Verifica-se que os lodos com a menor resistência específica são aqueles provenientes do processo de abrandamento a cal. Estes apresentam também a menor compressibilidade.

Tabela 2.3 — Valores típicos da resistência específica para diversos tipos de lodos coagulados

Tipo de lodo	Res. Esp. (m/kg 10^{11})	Referência
Sulfato de alumínio	519	Gale, 1960 (3)
Sulfato de alumínio	16	Calkins & Novak (3)
Ferro	15	Calkins & Novak (3)
Ferro	8	Calkins & Novak (3)
Cal e ferro	0,6	Calkins & Novak (3)
Aguas Corrientes, sulfato	411	SEINCO (2)
Idem + polímero n.iônico 100 ppm	181	SEINCO (2)
Idem + n. iônico 200 ppm	35	SEINCO (2)
Idem + polím. aniônico, 100 ppm	69	SEINCO (2)
Idem + aniônico, 200 ppm	24	SEINCO (2)

Os valores apresentados no quadro acima são resultado de aplicação de unidades do sistema internacional SI. Alguns autores utilizam o sistema CGS, resultando como unidade de resistência específica o s^2/g (segundo ao quadrado/grama). Entre as unidades de **r** existe a seguinte relação:

$$1\ s^2/g = 9.800\ m/kg.$$

A resistência específica em lodos coagulados, aumenta com o pH. Águas de baixa turbidez e/ou cor elevada geralmente apresentam resistências específicas mais elevadas, portanto, desidratando lentamente ou necessitando altas doses de polímero para facilitar a desidratação.

O método de determinação da resistência específica teve origem com os primeiros filtros a vácuo, entretanto os resultados podem ser aplicados à desidratação em filtros prensa e em prensas desaguadoras.

3 — COMPRESSIBILIDADE

A resistência específica depende da porosidade ou da condutividade hidráulica da torta, a qual é função do tamanho das partículas e de sua deformação pela pressão aplicada. Os lodos provenientes da coagulação com sais de alumínio e ferro são geralmente altamente compressíveis, enquanto que lodos de abrandamento são pouco compressíveis.

O efeito da pressão na resistência específica é representado como

$$r = r_0 \cdot P^n \quad \textbf{(2.20)}$$

onde **n** é o coeficiente de compressibilidade que pode tomar valores de 0,4 a 1,5, dependendo da origem do lodo.

Lodos de abrandamento podem ter coeficientes de compressibilidade tão baixos como 0,4, o que explica a sua maior facilidade de desidratação. Os lodos provenientes de águas com baixo teor de sólidos, coagulados com sulfato de alumínio, têm coeficientes de compressibilidade muito elevados, próximos ou maiores que a unidade e, portanto, desidratam lentamente quando a pressão aplicada é elevada.

4 — DECANTAÇÃO CENTRÍFUGA

A separação sólido-líquido por decantação centrífuga é semelhante à sedimentação por gravidade, com a diferença que as partículas são aceleradas por uma força centrífuga muitas vezes maior que a aceleração da gravidade. O número de vezes que a aceleração centrífuga **a**, como esclarece a Figura 2.6, supera a aceleração da gravidade **g** define o número de aceleração **G**:

$$G = \frac{a}{g} \quad \textbf{(2.21)}$$

Como $a = \omega^2.r$ e $\omega = 2\pi.n$, vem:

$$G = 5{,}6 \times 10^{-4}\ n^2 \cdot D \quad \textbf{(2.22.a)}$$

ou aproximadamente

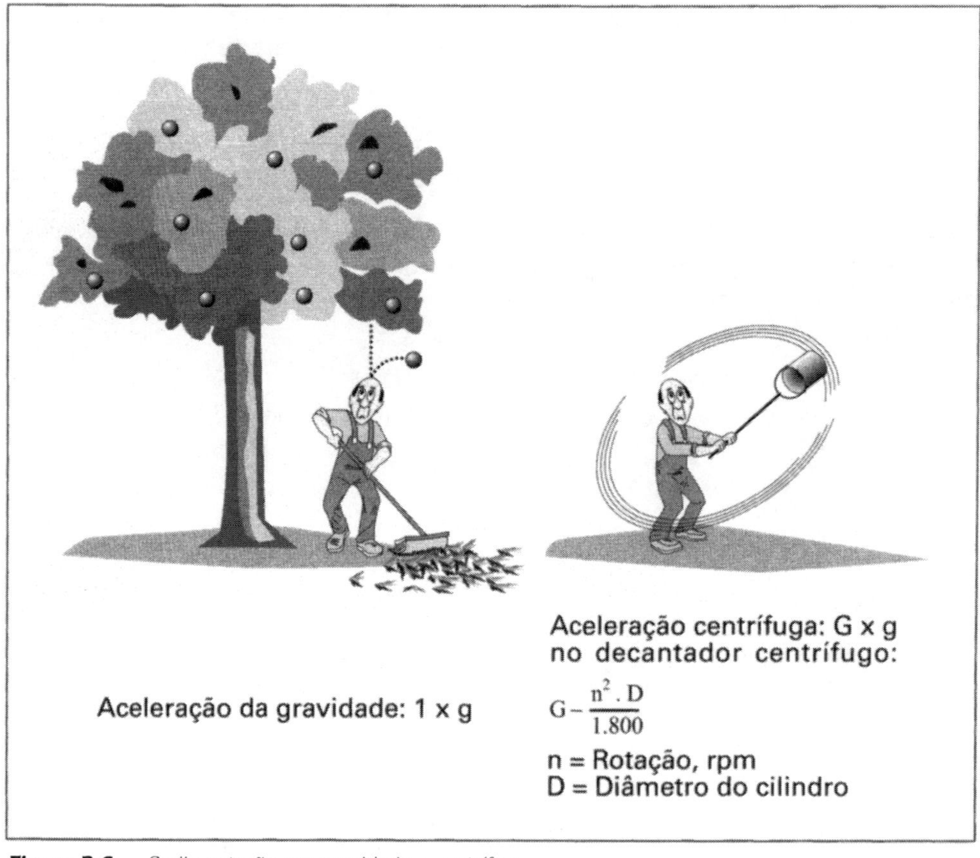

Figura 2.6 *— Sedimentação por gravidade e centrífuga*

$$G = \frac{n^2 \cdot D}{1.800} \qquad \textbf{(2.22.b)}$$

onde n é o número de revoluções por minuto (rpm) e D é o diâmetro tambor girante.

Exemplo 2.4 Uma centrífuga com diâmetro de 0,50 m, gira a 3.200 rpm. Qual a aceleração que imprime às partículas sólidas no líquido em seu interior?

Solução: Aplicando a equação 2.22.b, resulta

$$G = \frac{n^2 \cdot G}{1.800} = \frac{(3.200)^2 \times 0{,}40}{1.800} = 2.275$$

e promove a aceleração

$$a = G \cdot g = 2.275 \times 9{,}8 = 22.295 \text{m} / \text{s}^2$$

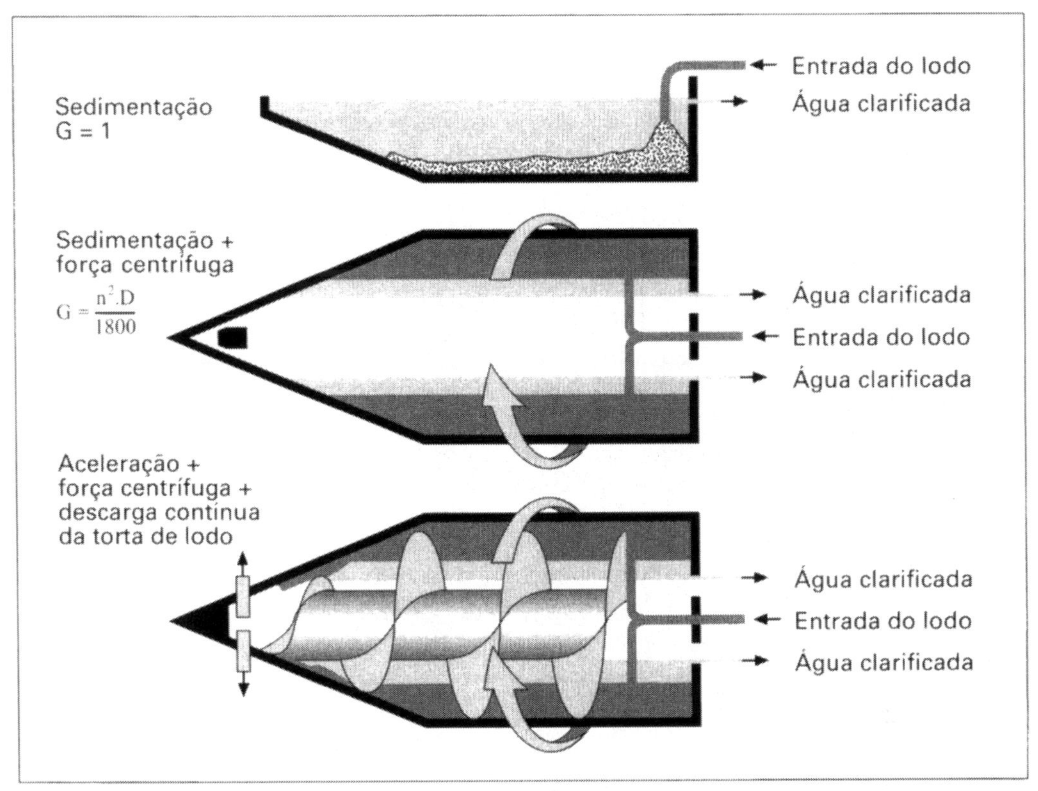

Figura 2.7 — *Princípio de funcionamento de uma centrífuga*

O mecanismo da desidratação por centrifugação torna-se claro na Figura 2.7. Uma centrífuga de tambor ou decantador centrífugo é um cilindro com eixo horizontal e uma secção cônica convergente em uma extremidade. Fazendo este cilindro girar a uma velocidade de rotação de 3.000 – 4.000 rpm a centrífuga promove uma aceleração cerca de 2.000 vezes maior que a da gravidade. É, assim, equivalente a um pequeno porém muito eficiente decantador. A força centrífuga força os sólidos a se concentrar junto às paredes do cilindro, enquanto o líquido clarificado é drenado por passagens próximas ao eixo. Um removedor de parafuso helicoidal que gira com uma pequena velocidade diferencial em relação ao tambor transporta os sólidos para a secção cônica convergente, por onde a torta é removida.

A sedimentação de partículas discretas sob a ação de forças centrífugas pode ser explicada pela equação de Stokes, semelhantemente à ação da gravidade:

$$v_s = \frac{\left(\delta_p - \delta\right) \cdot d_p^2}{\mu} \cdot a \qquad \textbf{(2.23)},$$

onde $\mathbf{v_s}$ é a velocidade de migração, $\boldsymbol{\delta_p}$ a densidade da partícula, δ e μ respectivamente a densidade e a viscosidade da água, $\mathbf{d_p}$ o diâmetro representativo da partícula e **a** a aceleração a que está submetida.

A elevada concentração de sólidos no lodo interfere na sedimentação das partículas, causando uma diminuição na velocidade calculada pela lei de Stokes (eq. 2.23), que seria válida para concentrações de sólidos até 2%. Introduzindo um fator de redução de velocidade **k**, e sendo, por definição, **a** = **g**.**G**, a velocidade de decantação centrífuga **V** de uma suspensão concentrada resulta:

$$V = k\,v_s = k\frac{(\delta_p - \delta)\cdot d^2}{\mu}\cdot gG \quad \text{ou}$$
$$V = k\,v_s\,G \qquad (2.24)$$

Apesar de que a previsão do comportamento de uma centrífuga é mais uma questão de experiência, o modelo matemático baseado na equivalência de área, pode ser útil para comparar o desempenho entre duas centrífugas. De um modo semelhante a um decantador estático, a taxa volumétrica ou vazão que passa por uma centrífuga pode ser dada por:

$$Q = VA = kv_s G A \qquad (2.25)$$

onde $A = \pi DL$ é a área da superfície cilíndrica externa da centrífuga e D e L respectivamente seu diâmetro e comprimento. Substituindo em (2.25) e como $G = \omega^2 r/g = \omega^2 D/2g$, vem:

$$Q = k\,v_s\,\frac{\omega^2 D}{2g}\pi\,D\,L = k\,v_s\,\frac{\pi\,\omega^2 L}{2g}D^2 \qquad (2.26),$$

expressão que demonstra que a variável mais importante no dimensionamento ou na escolha de uma centrífuga é o diâmetro do vaso, seguido do comprimento da secção cilíndrica (ou cônica, conforme o caso), as quais determinam a capacidade hidráulica da máquina. Na prática, recomenda-se que a capacidade aplicada deva se situar entre 50% a 70% da capacidade hidráulica. A equação (2.26) é uma forma simplificada, onde se considera as partículas iniciando seu movimento exatamente no eixo. Sendo d e D os diâmetros interno e externo do anel líquido, a equação que melhor descreve a capacidade da máquina é

$$Q = k\,v_s\,\frac{\pi\,\omega^2 L}{24g}\cdot\frac{D^3 - d^3}{D - d} \qquad (2.27)$$

Fazendo $k\frac{1}{24}\frac{\pi\,\omega^2 L}{g}\cdot\frac{D^3 - d^3}{D - d} = \Sigma$, a equação (2.27) toma a forma

$$Q = v_s\,\Sigma \qquad (2.28),$$

introduzindo, assim, o conceito de área equivalente de decantação Σ. Deste modo, para as mesmas condições de sedimentabilidade de um lodo, a máquina com maior área equivalente de decantação Σ terá maior eficiência na remoção de sólidos.

As características de sedimentação de um lodo podem ser avaliadas por meio de ensaios com centrífugas de laboratório com iluminação estroboscópica. O lodo é colocado em tubos graduados de 25 ml, com extremidade cônica. O tubo suporte da centrífuga deve ter uma ranhura longitudinal para permitir a observação do deslocamento da superfície do lodo, durante o processo de centrifugação, e, assim determinar a velocidade de sedimentação nas condições do ensaio. Com este ensaio, pode-se determinar o *coeficiente de sedimentação* **S**, estabelecido por Vesilind[3], que tem a seguinte expressão:

$$S = \frac{v}{\omega^2 r} \quad \textbf{(2.29)}$$

onde $v = dr/dt$ é a velocidade de sedimentação da superfície do lodo, m/s

$\omega = 2\pi . n$ é a velocidade angular da centrífuga, s^{-1}, com **n** o número de revoluções por segundo

r = distância radial da superfície do lodo, m.

O coeficiente de sedimentação **S** é característico para um dado tipo de lodo e é independente das características geométricas e funcionais da máquina, quer dizer, não varia com D, ω e G. Quanto maior é o valor de S, melhores são as condições de sedimentação de um lodo. A Tabela 2.4 a seguir compara características de desidratação de lodos originados no tratamento de água potável, incluindo valores do coeficiente de sedimentação determinados para a Usina de Aguas Corrientes (Montevidéu, Uruguai).

Tabela 2.4 — Coeficientes de sedimentação e resistência específica para alguns tipos de lodo

Tipo de lodo	Origem da Água Bruta	S (10^{-8} s)	r (10^{11}m/kg)	Fonte
Coagulação	Superficial	1,1	680	Referência 3
Carbonato de Mg	Subterrânea	> 23	0,3	Referência 3
Coagulação	A.C. s/polímero	5.0	411	Referência 2
Coagulação	A.C. c/100mg pol. não iônico	15,5	181	Referência 2

Nota: A.C. = Aguas Corrientes

A Tabela 2.4 mostra que lodos com boas condições de sedimentação (alto S) também apresentam boas condições de desidratação (baixa resistência específica). Em ambos os casos — decantação centrífuga ou filtração — é necessário o acondicionamento prévio com polímeros, em doses que geralmente superam 2 g de polímero por kg de sólidos secos.

Exemplo 2.5 Em um ensaio de centrifugação com um lodo originado da coagulação com sulfato de alumínio foram observados os seguintes valores da altura da frente de lodo no tubo de ensaio (h) em função do tempo de centrifugação (t), indicados no quadro abaixo:

t (s)	h (cm)	Δt (s)	Δh (cm)	$v = \Delta h/\Delta t$ (10^{-5}m/s)
30	4,10	30	—	—
60	3,90	30	0,20	6,7
120	3,52	60	0,38	6,3
150	3,33	30	0,19	6,3
180	3,15	30	0,18	6,0
240	2,77	60	0,38	6,3

As condições do ensaio foram:

- raio médio da centrífuga de provetas: r = 15 cm
- velocidade de centrifugação: n = 1600 rpm
- concentração inicial: 1,9%
- concentração final: 6,0%

Determinar o coeficiente de sedimentação.

Solução:

1. Os resultados do quadro acima mostram ter resultado uma taxa de sedimentação

$v = 6{,}3 \times 10^{-5}$ m/s

2. $\omega = 2.\pi.n = 2\pi.1.600/60 = 167{,}6$ rad/s

3. Aplicando os dados em (2.29), resulta:

$$S = \frac{v}{\omega^2 r} = \frac{6{,}3 \times 10^{-5}}{(167{,}6)^2 \times 0{,}15} = 1{,}5 \times 10^{-8} s$$

No exemplo anterior, a concentração final resultou em 6%, portanto, uma desidratação insatisfatória na maioria das aplicações. O coeficiente de sedimentação não permite prever a concentração final do efluente, somente indica a maior ou menor facilidade de decantação de um lodo. Por este motivo, o desempenho de uma máquina centrífuga é melhor descrito pela porcentagem de recuperação de sólidos ou taxa de captura **R**, definida por

$$R = \frac{C_T (C - C_A)}{C(C_T - C_A)} \times 100 \qquad \textbf{(2.30)}$$

onde C = concentração de sólidos afluente (inicial),
C_A = concentração de sólidos no líquido afluente,
C_T = concentração de sólidos na torta resultante.

Normalmente uma centrífuga deve oferecer uma taxa de captura da ordem de 95%.

Exemplo 2.6 Um lodo com concentração inicial de 2% sai de uma centrífuga com 30% de sólidos secos e o centrado (afluente líquido) com 0,1%. Determinar a taxa de captura.

Solução: São dados: C = 2%
C_T = 30%
C_A = 0,1%

Aplicando os dados na equação (2.30), resulta:

$$R = \frac{C_T (C - C_A)}{C(C_T - C_A)} = \frac{2(2-0{,}1)}{2(30-0{,}1)} = 0{,}953 = 95{,}3\%$$

Referências

1. Camp, T.R., 1946 – Sedimentation and the design of settling tanks. *Trans. Am. Soc. Civ. Eng.* **111**.
2. SEINCO – *Planta Potabilizadora de Aguas Corrientes – Estúdio de Factbilidad y Proyecto Ejecutivo de las obras para Recolección, Tratamiento y Disposición Final de barros generados por la Planta*, Montevidéu, 1996.
3. AWWA – *Slib, Schlamm, Sludge*, Cooperative Research Report, 1990.

Leitura complementar recomendada

1. American Society of Civil Engineers – *Management of Water Treatment Plant Residuals*, ASCE Manuals and Reports on Engineering Practice No. 88, 1996.
2. Arcadio, P.S. & Arcadio, G.S. – *Environmental Engineering – A Design Approach*, Prentice Hall, Inc., 1998.

3 ADENSAMENTO

1 — OBJETIVO DO ADENSAMENTO

Depois de removidos de um decantador, os lodos normalmente necessitam ser adensados antes dos tratamentos que seguem. A viabilidade do adensamento consiste na produção de um lodo concentrado, mais adequado para as etapas seguintes de desidratação ou na possibilidade de ser transportado economicamente para uma aplicação no solo como disposição final.

O adensamento é feito para remover o máximo de água possível antes da desidratação final do lodo. Usualmente é realizado por decantação ou por flotação e produz um lodo concentrado, com conseqüente redução de volume pela remoção da água. Essa é a finalidade do processo. A relação entre o volume de lodo $\mathbf{V_L}$ e a concentração de sólidos **C** é dada pela expressão:

$$V_L = \frac{M_S}{\delta_L \cdot C} \qquad \textbf{(3.1)}$$

onde δ_L é a densidade do lodo que pode ser avaliada pela equação 2.4 (Capítulo 2). A relação entre os volumes e as concentrações correspondentes é:

$$\frac{V_1}{V_2} = \frac{\delta_2 \cdot C_2}{\delta_1 \cdot C_1} \qquad \textbf{(3.2.a)}$$

ou, considerando a densidade constante:

$$V_1 \cdot C_1 = V_2 \cdot C_2 \qquad \textbf{(3.2.b)}$$

Como a densidade do lodo geralmente não é conhecida e não deve variar substancialmente dentro do intervalo de entrada e saída do lodo no adensador, esta equação pode ser aplicada na prática sem erro apreciável.

Exemplo 3.1 A massa de sólidos produzida nos decantadores de uma estação de tratamento é de 23.2 kg/h a uma concentração de 0,5%. Qual o volume de lodo produzido e qual o resultante se adensado a 2%? A densidade do lodo é 1001 kg/m^3.

Solução: O volume de lodo inicial é

$$V_1 = \frac{M_S}{\delta_L \cdot C} = \frac{23,2}{1.001 \times 0,005} = 4,64\,\text{m}^3/\text{h}$$

O volume adensado resulta

$$V_2 = \frac{V_1 \cdot C_1}{C_2} = \frac{4,64 \times 0,5}{2} = 1,16\,\text{m}^3/\text{h}$$

tendo sido removidos cerca de 3,5 m^3/h de água.

Os resultados do exemplo acima demonstram a importância do adensamento antes da desidratação, reduzindo os custos dos processos subseqüentes.

Dois métodos de adensamento são usualmente empregados: adensamento por gravidade e adensamento por flotação. O princípio do adensamento por gravidade é a sedimentação das partículas sólidas. Tem sido proposto por alguns o uso de centrífugas para o adensamento, entretanto o alto custo do equipamento e da energia utilizada, não favorece esta alternativa.

2 — ADENSAMENTO POR GRAVIDADE

O adensamento por gravidade é normalmente um processo contínuo, porém em menores instalações pode ser vantajosa a alternativa por batelada (tipo "enche e drena").

Adensamento por batelada

Uma porção de lodo é conduzida a um tanque onde é deixada decantar por algumas horas e, então, o sobrenadante clarificado é removido e, em seguida, o lodo adensado depositado no fundo. O sobrenadante pode ser pouco a pouco removido a diversos níveis por meio de um tubo telescópico ou por canalizações fixas sobrepostas como indicado na Figura 3.1, à medida que o lodo decanta e se adensa até alcançar a concentração desejada, ou até que já não se observe mais a decantação do lodo. Os adensadores por batelada geralmente têm o fundo em forma de tronco de pirâmide ou de cone invertido, como o exemplificado na Figura 3.1, com a finalidade acumular e facilitar a retirada do lodo adensado.

Os adensadores estáticos são dimensionados para uma carga de sólidos **m** entre 15 a 25 kg/m^2, aplicando-se a fómula

$$A = \frac{M_S}{m} \qquad \textbf{(3.3)}$$

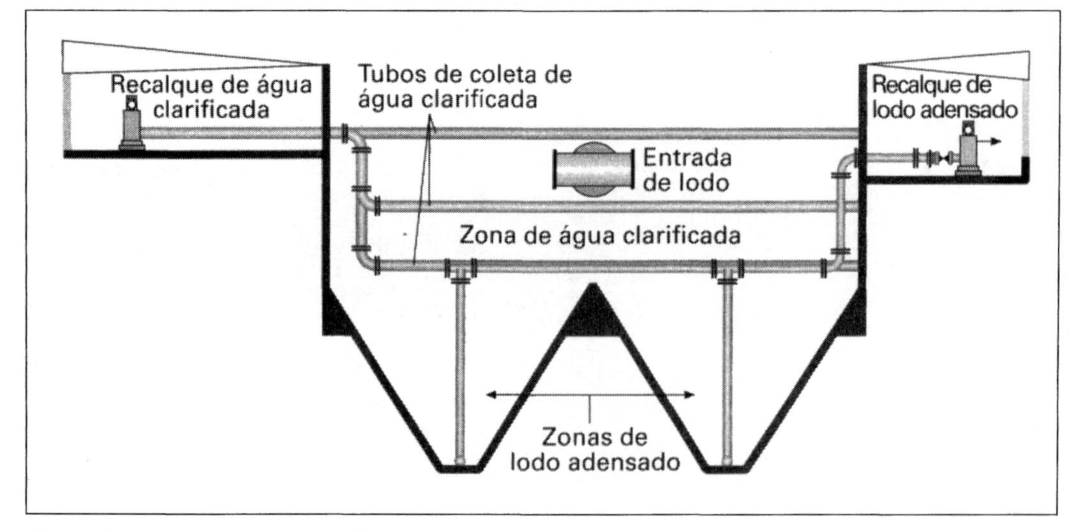

***Figura 3.1** — Adensador estático (Projeto para a ETA de Videira - SC, autor Engevix)*

Em termos de volume, as taxas usuais são:

- 3,0 m^3/m^2, sem a aplicação de polímero
- 4,0 a 8,0 m^3/m^2, com a aplicação de polímero

Deve-se notar que, como os adensadores estáticos não operam em forma contínua, não faz sentido a indicação do período de tempo indicador de fluxo. As taxas para o dimensionamento de adensadores contínuos, são as mesmas acima para um período de tempo igual a um dia.

Exemplo 3.2 A estação de tratamento de água da cidade de Videira (SC) gera uma massa de sólidos máxima igual a 23,2 kg/h, a uma concentração de 0,5%, e o volume correspondente é 4,64 m^3/h (densidade estimada δ_L = 1.001 kg/m^3). Dimensionar o adensador estático admitindo um tempo mínimo entre recargas de 6 h e um lodo adensado com 2% de concentração.

Solução: A massa de lodos gerada em um período de recarga é

$$M_S = 23{,}2 \times 6 \cong 140 \text{ kg}$$

e a área necessária para uma taxa de 15 kg/m^2

$$A = \frac{140}{15} = 12{,}5 \text{m}^2$$

Em termos de volume, resulta a seguinte taxa:

$$\frac{4{,}64\, m^3 / h \times 6h}{12{,}5\, m^2} = 2{,}2 \text{ m}^3/\text{m}^2$$

portanto, taxas suficientemente baixas, provavelmente dispensando a aplicação de polímeros.

Adotando-se uma relação comprimento : largura igual a 2, as dimensões em planta resultam 5,0 m × 2,5, podendo-se projetar dois poços de acúmulo de lodo com a forma de pirâmide invertida, como mostra a Figura 3.1. O volume do lodo adensado foi determinado anteriormente no exemplo 3.1 e resultou em 1,16 m^3/h, ou seja 9,2 m^3 ou 4,6 m^3 por poço. Como cada poço tem dimensões em planta de 2,50 m × 2,50 m, a altura deverá ser

$$h = \frac{3 \times 4,2}{2,5 \times 2,5} = 2,0\,\text{m}$$

Conforme calculado no exemplo anterior, o volume de água a ser drenado é 3,5 m^3/h, ou 21 m^3 no período. A altura adicional para o líquido clarificado deverá ser, então:

$$h_2 = \frac{21}{5,0 \times 2,5} = 1,70\text{ m}$$

Adensadores contínuos

Os adensadores contínuos são geralmente circulares, assemelhando-se aos clarificadores ou decantadores de manto de lodos, o que de fato são. A Figura 3.2 mostra um adensador a gravidade típico. Os componentes principais dos adensadores incluem:

1. entrada central com um defletor de distribuição;
2. um raspador de lodo para mover os sólidos decantados para um poço de onde o lodo é removido;
3. paletas verticais fixadas no raspador;
4. vertedor e canalização de saída de água clarificada.

Figura 3.2 *— Adensador e removedor de lodo contínuo*

O defletor de distribuição tem a forma cilíndrica, estendendo-se desde um pouco acima da superfície líquida até 60 — 90 cm abaixo. O lodo entra no centro ou próximo do centro do defletor e flui para baixo e se acumula no fundo do tanque, formando um manto de lodos e uma facilmente perceptível superfície de separação com a água clarificada que se desloca para cima.

O raspador de lodo agita suavemente o lodo, movendo-o para o poço de descarga situado no fundo e ao centro do tanque. Além de levar o lodo para o poço de descarga, a agitação livra a água intersticial e desprende gases, ajudando a aumentar a concentração dos sólidos. De acordo com Warden[1] as paletas verticais ou estacas não são necessárias para lodos de estações de tratamento de água.

O sobrenadante é recolhido por um vertedor periférico, podendo ser reciclado para os filtros ou para o início da cadeia de tratamento. Na operação do adensador, o sobrenadante deve ser relativamente claro e livre de sólidos e o manto de lodos deve se estabilizar ao redor de 0,9 — 1,0 m abaixo da superfície. O lodo deve ser extraído do adensador a uma taxa que permita manter o nível da superfície do manto de lodos relativamente constante.

Diferentemente dos clarificadores de manto de lodos, os adensadores não têm câmaras de concentração de lodos que usualmente mantêm constante a altura do manto. Assim, a extração de lodo de um adensador deve ser preferencialmente contínua e a taxa de extração é determinada em função da concentração de sólidos no manto de lodos, igual à média da concentração de entrada com a de saída. Conhecendo a concentração e o volume do manto de lodos, a massa de sólidos é facilmente avaliada e, deste modo a taxa de extração necessária para que o manto mantenha uma altura constante.

O dimensionamento dos adensadores contínuos é feito de forma semelhante aos adensadores estáticos, considerando a vazão Q de entrada de lodo:

$$A = \frac{Q}{m} \qquad \textbf{(3.4)}$$

onde A é a área superficial do adensador e **m** é a carga superficial entre 15 a 25 kg/m^2.dia. Em termos de volume de lodos, m pode ser tomado como 2,0 a 3,0 m^3/m^2.dia, para lodos não condicionados com polímeros, a 4,0 a 8,0 m^3/m^2.dia com aplicação de polímeros.

A dose de polieletrólito deve ser determinada por ensaios de laboratório e, geralmente, se encontra entre 1 a 2,5 g/kg de sólidos secos.

A concentração que se obtém no adensamento de lodos de alumínio ou de ferro geralmente não ultrapassa 3%, podendo ser aumentada a cerca de 8% com a adição de cal ou cimento. A quantidade de cal a ser aplicada deve elevar o pH da suspensão a cerca de 11, geralmente na faixa de 60 a 120 g de cal por metro cúbico de lodo.

Os lodos provenientes do abrandamento da água, predominantemente carbonatos, são pesados — sua densidade varia entre 1.005 e 1.060 e, portanto, sedimentam com facilidade. Por esse motivo admitem uma carga superficial muitas vezes superior à dos lodos de alumínio ou ferro, podendo ser aplicadas taxas como m = 290 a 980 kg/m^2.dia (Referência 2). A concentração de sólidos removidos dos tanques de decantação no abrandamento da água pode variar entre 2,5 a 25% ou mais, com um valor médio de 8%, segundo um estudo envolvendo 84 estações de tratamento nos Estados Unidos[3].

Exemplo 3.3 Dimensionar o adensador para uma estação de tratamento que remove 80 mg/l de cálcio e 10 mg/l de magnésio, ambos como $CaCO_3$. A concentração do lodo removido do decantador é de 10% a uma densidade de 1.020 kg/m³. A capacidade da estação é 600 l/s. Adotar uma carga superficial de 400 kg/m².dia.

Solução: 1. Massa de sólidos precipitada: Aplicando a equação 2.1b

$$S = \frac{2{,}0\,Ca + 2{,}6\,Mg}{1.000} = \frac{2{,}0 \times 80 + 2{,}6 \times 10}{1.000} = 0{,}186\ \text{kg} / \text{m}^3$$

Volume diário tratado: $V = 0{,}600 \times 86.400 = 51.840\ \text{m}^3$

Massa de sólidos precipitada por dia:

$$M_S = S \cdot V = 0{,}186 \times 51.840 = 9.642\ \text{kg}$$

e a área necessária:

$$A = \frac{9.642}{400} \cong 24\ \text{m}^2$$

resultando um cilindro com 5,5 m de diâmetro.

2. Verificação da taxa em termos de volume:

A massa de lodo precipitada é

$$M_L = \frac{M_S}{C} = \frac{9.642}{0{,}10} = 96.420\ \text{kg}$$

e o volume correspondente

$$V_L = \frac{M_L}{\partial_L} = \frac{96.420}{1.020} = 94{,}5\ \text{m}^3$$

resultando uma taxa de $\frac{94{,}5}{24} \cong 4{,}0\ \text{m}^3 / \text{m}^2$.dia — portanto, da mesma ordem de grandeza que para o dimensionamento de adensadores para lodos de alumínio ou de ferro.

3 — ADENSAMENTO POR FLOTAÇÃO

A flotação é o processo no qual a fase sólida, com uma densidade menor que o líquido de suspensão, é separada permitindo-lhe flutuar para a superfície. O processo é aplicado há mais de 100 anos na indústria de mineração para separar minérios de uma mistura heterogênea. Tem sido usada também no adensamento de lodos domésticos e industriais.

O adensamento por flotação trabalha de forma semelhante ao adensamento por decantação, porém de forma reversa.

No sistema de flotação a ar dissolvido, as partículas sólidas são removidas da água fazendo-as flutuar (flotar) reduzindo sua densidade pela adesão de pequeníssimas bolhas de ar. Neste processo, como mostra o esquema dado na Figura 3.3, as bolhas de ar são geradas pela súbita redução de pressão na corrente líquida saturada de ar, proveniente da câmara ou tanque de saturação. Por meio de uma bomba, uma pequena quantidade da água clarificada é elevada à pressão de 4 a 5,5 atm e conduzida ao tanque de saturação, onde se torna saturada de ar alimentado por um compressor. Esta água, que é recirculada no sistema, vê sua pressão diminuída bruscamente, liberando uma grande quantidade de microbolhas de ar, que aderem aos flocos já formados, fazendo-os flutuar. Os flocos sobem e se acumulam na superfície do tanque, formando uma capa de lodo de espessura crescente, que se remove periodicamente mediante raspadores superficiais.

As leis físicas que governam a separação de fases na flotação são as mesmas da decantação e podem ser explicadas pela lei de Stokes:

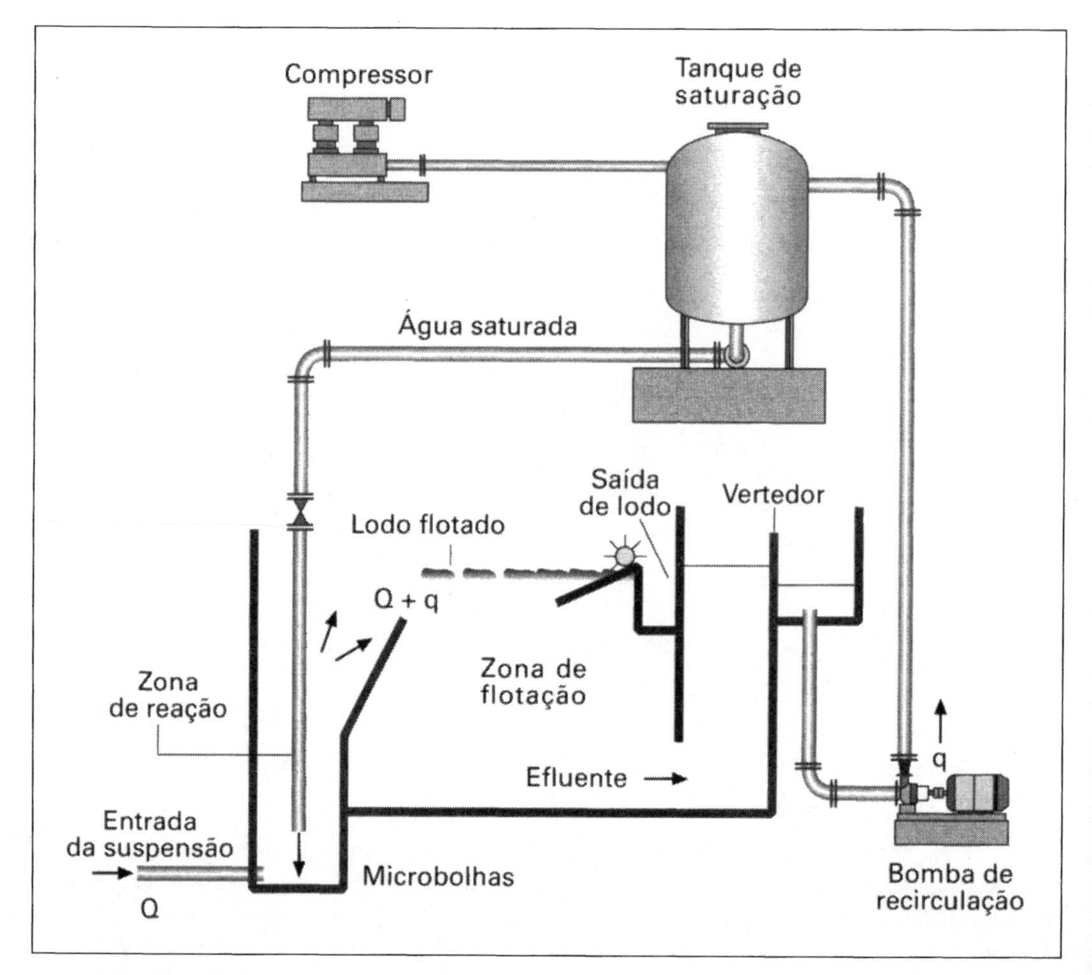

***Figura 3.3** — Esquema de um sistema de flotação*

$$V = K \cdot d^2 \cdot \frac{\delta_p - \delta}{\delta} \qquad (3.5)$$

onde K = coeficiente que depende da forma da partícula e das condições de fluxo (número de Reynolds)

V = velocidade da partícula em relação à água

d = diâmetro da partícula

δ_p = densidade da partícula

δ = densidade da água

Os flocos de sulfato de alumínio e de ferro têm normalmente densidade próxima a 1,003 e tamanho ao redor de 1 mm. Com o ar incorporado pelo processo descrito anteriormente a densidade se reduz a 0,98-0,99 ou menos, com o que se obtêm velocidades de flotação, em valor absoluto, dez ou mais vezes superiores às velocidades de decantação nas mesmas condições.

Os elementos essenciais de um adensador por flotação são o sistema de saturação de ar e o tanque de flotação.

Sistema de Recirculação e Saturação de Ar

Taxa de recirculação

A relação entre a vazão da água clarificada q encaminhada à câmara de saturação (v. Fig. 3.3), pressurizada e recirculada ao sistema, e a vazão Q da estação ou da unidade de flotação é denominada taxa ou razão de recirculação:

$$r = \frac{q}{Q} \qquad (3.6)$$

A taxa de recirculação pode ser determinada em função da relação **a/s** entre a massa de ar necessária à flotação **a** e a massa de sólidos **s**. Valores da relação a/s citados na literatura como entre 0,02 a 0,04 referem-se principalmente à remoção de óleos e graxas no tratamento de esgotos domésticos e industriais. Estes valores podem exigir taxas de recirculação como 50% a 100% ou mais. Para lodos ativados pode ser tão baixa como 0,01 ou menos e a taxa de recirculação pode resultar entre 15 a 25%. Para lodos de hidróxidos de alumínio ou de ferro e para a água de lavagem dos filtros, a taxa de recirculação usualmente toma valores semelhantes às usadas no dimensionamento de sistema de flotação para clarificação de água, entre 6 a 15%.

Relação Ar/Sólidos

A quantidade de ar necessária para flotar uma suspensão é aquela que faz com que a densidade efetiva δ_c do complexo ar-partícula resultante seja menor que a densidade do líquido δ. A densidade do complexo ar-partícula é

$$\delta_c = \frac{V_a \cdot \delta_a + V_s \cdot \delta_s}{V_a + V_s} \qquad (3.7)$$

onde V_a é o volume de ar aderido à partícula sólida de volume V_s e δ_a e δ_s são respectivamente as densidades do ar e do sólido. A relação entre as massas de ar e do sólido é, por definição,

$$\frac{a}{s} = \frac{V_a \cdot \delta_a}{V_s \cdot \delta_s} \tag{3.8}$$

Combinando as equações (3.7) e (3.8), obtém-se:

$$\delta_c = \frac{1 + \frac{a}{s}}{\frac{1}{\delta_s} + \frac{a}{s} \cdot \frac{1}{\delta_a}} \tag{3.9}$$

A quantidade mínima de ar requerida é aquela que faz $\delta_c = \delta$. Substituindo este valor na equação (3.9), resulta:

$$m_{a/s} = \frac{1 - \frac{\delta}{\delta_s}}{\frac{\delta}{\delta_s} - 1} \tag{3.10}$$

Tendo sido definida a relação ar/sólidos, a taxa de recirculação requerida é

$$r = \frac{q}{Q} = m_{a/s} \cdot \frac{C}{C_a} \tag{3.11}$$

onde C = concentração de sólidos na suspensão influente, e
C_a = concentração de ar na água de recirculação.

Este último parâmetro é dado pela equação (3.18) - $C_a = K_H\,(\eta P - 1)$ demonstrada no item que segue, que aplicado à equação (3.11), resulta:

$$r = \frac{m_{a/s} \cdot C}{K_H\,(\eta P - 1)} \tag{3.12}$$

onde K_H = coeficiente de Henry, dado na Tabela 3.1
η = rendimento da câmara de saturação na saturação de ar
P = pressão de saturação (absoluta).

Exemplo 3.4 Para o projeto de tratamento e disposição de lodos de uma estação de tratamento, verificou-se que os lodos extraídos dos decantadores convencionais apresentam uma concentração de sólidos C = 3% (m/m). A pressão na câmara de Saturação será de 5,5 atm. Sendo dados:

- Densidade dos sólidos δ_S = 1.800 kg/m³
- Densidade da água (a 15°C) δ = 999 kg/m³
- Densidade do ar (a 15°C e 1 atm) δ_a = 1,22 kg/m³
- Rendimento do saturador η = 0,9
- Coeficiente de Henry (Tab. 3.1) K_H = 26,9 (mg/l)/atm

determinar a razão de recirculação, e as características da bomba de recirculação, sendo a vazão do lodo influente Q = 160 m³/h.

Solução: O primeiro passo é converter o valor da concentração de porcentagem para mg/l para ser coerente com a unidade do coeficiente de Henry. Como mg/l é aproximadamente equivalente a partes por milhão (ppm) e porcento significa partes por cento,

$$\frac{\text{mg}}{1} = \frac{\text{partes}}{1.000.00}$$

$$\% = \frac{\text{partes}}{100}$$

portanto, 1% = 10.000 mg/l. Assim, C = 30.000 mg/l.

A relação mínima ar/sólidos necessária para a flotação, deverá ser, aplicando a equação (3.10):

$$m_{a/s} = \frac{1 - \dfrac{999}{1.800}}{\dfrac{999}{1,22} - 1} = 5,44 \times 10^{-4}$$

A pressão absoluta no interior do saturador é P = 5,5 + 1 = 6,5 atm.

Aplicando com os demais dados na equação (3.12), vem:

$$r = \frac{5,44 \times 10^{-4} \times 30.000}{26,9(0,9 \times 6,5 - 1)} = 0,125 = 12,5\%$$

A vazão da bomba de recirculação deverá ser, então:

0,125 × 160 = 20 m³/h.

A altura manométrica da bomba deverá ser 65 m mais as perdas de carga na canalização de água saturada.

Concentrações mais baixas tais como 1% ou menos aproximam as características do lodo das de uma água turva de rio e, as condições de flotação são as mesmas para a clarificação da água para uso potável, com uma taxa de recirculação de 8 – 10%. Portanto, recomenda-se para o projeto de adensadores adotar uma taxa de recirculação mínima de 10%, verificando seu valor para concentrações do lodo influente maiores que 1% (10.000 mg/l).

Saturação do ar na água

Quando se introduz o ar e a água na câmara de saturação a uma pressão absoluta ***P***, o ar se dissolve na água até uma concentração de saturação $\boldsymbol{C_{sat}}$, de acordo com a lei de Henry

$$C_{sat} = \eta K_H P \tag{3.13}$$

Onde η é a eficiência do tanque de saturação e K_H é a constante da lei de Henry, dada para o ar em diversas unidades na Tabela 3.1:

TABELA 3.1 — Constantes da Lei de Henry para o ar[a]

Temp. (°C)	(mg/l)/atm	(mg/l)/kPa	(mg/l)/(kg/cm²)	(mg/l)/mca
0	37,3	0,405	36,1	3,61
5	32,7	0,330	31,7	3,17
10	29,3	0,293	28,4	2,84
15	26,9	0,272	26,0	2,60
20	24,3	0,239	23,5	2,35
25	21,7	0,219	21,0	2,10
30	20,9	0,202	20,2	2,02

(a) A densidade do ar seco a 0°C e 1 atm é 1.293,8 mg/l

A solubilidade do ar na água depende, assim, de duas variáveis: a *temperatura* e a *pressão*. Um acréscimo na temperatura acarreta um decréscimo no volume de ar sendo adsorvido e um acréscimo na pressão um acréscimo na adsorção de ar.

Admitindo que a concentração de ar inicial na água de recirculação é a mesma que a concentração remanescente na água flotada à pressão atmosférica, nesse caso a massa de ar liberada no tanque de flotação é

$$M = r \cdot Q\left(C_{\text{sat}} - C_{\text{atm}}\right) \tag{3.14}$$

onde C_{sat} é a concentração de ar (m/v) na água de recirculação à saída do tanque de saturação, dada pela equação 3.13, e C_{atm} é a concentração remanescente à pressão atmosférica. Sendo C_r a massa de ar por unidade de volume liberada na zona de reação, então,

$$M = C_r\left(q + Q\right) = C_r \cdot Q\left(1 + r\right) \tag{3.15}$$

Combinando as equações 3.14 e 3.15, vem:

$$C_r = \frac{r}{1+r}(C_{sat} - C_{atm}) \quad (3.16)$$

Ainda, como C_{sat} é dada pela eq.(3.13) e $C_{atm} = K_H x 1$, a eq. (3.16) toma a forma

$$C_r = \frac{r}{1+r} \cdot K_H \left(\eta \cdot P - 1\right) \quad (3.17)$$

mais útil para aplicações práticas. Sendo C_a a concentração de ar na água de recirculação, é válida a seguinte relação

$$C_a = \frac{1+r}{r} C_r = K_H (\eta P - 1) \quad (3.18)$$

Em estado de equilíbrio, a câmara de saturação é alimentada por ar na vazão

$$q_{ar} = \left(1+r\right) \cdot Q \cdot \frac{C_r}{\delta_{sat}} \quad (3.19)$$

onde δ_{sat} = densidade do ar saturado, dada pela Tabela 3.2.

Tabela 3.2 – Densidades do ar saturado a diversas temperaturas

Temp.(°C)	0	5	10	15	20	25	30	35
ρ_{sat} (mg/l)	1207	1263	1237	1211	1187	1161	1133	1106

Exemplo 3.5 Dimensionar o compressor de ar para um saturador de um adensador, que vai tratar 21 l/s (76 m^3/h) em uma área situada a 970 m de altitude. Temperatura ambiente máxima 30°C. A taxa de recirculação adotada no projeto é r = 12,5% e a pressão manométrica de saturação 5,0 kg/cm^2. Espera-se um rendimento de 0,86 no saturador.

Solução:

1. Dados. A 30°C:

K_H = 20,9 (mg/l)/atm, e
δ_{sat} = 1.133 mg/l

2. Cálculo da pressão absoluta de saturação:

$P = P_{man} + P_{atm}$

É conveniente expressar os valores de pressão em atm:

P_{man} = 5 kg/cm^2 = 0,968 × 5 = 4,84 atm

A pressão atmosférica na altitude Z = 970 m é calculada por

$$P_{atm} = e^{-0,00012092 \cdot Z} = e^{-0,00012092 \times 970} = 0,889 \, \text{atm}.$$

A pressão absoluta no interior do saturador será, portanto,

$$P = 4{,}84 + 0{,}89 = 5{,}73 \text{ atm}$$

3. Cálculo da concentração de ar na zona de reação. Aplicando a eq. 3.17, resulta

$$C_r = \frac{0{,}12}{1+0{,}12} \times 20{,}9(0{,}86 \times 5{,}73 - 1) = 8{,}8 \text{ mg}/l$$

4. A vazão de ar sendo dissolvida no saturador é calculada com a equação 3.19. Deve-se considerar a redução na densidade do ar causada pela menor pressão atmosférica: $\delta_{sat} = 0{,}889 \times 1.133 = 1.007$ mg/l.

$$q_{ar} = (1+0{,}125) \cdot 21 \cdot \frac{8{,}8}{1.007} = 0{,}23 \frac{l}{s} \cong 13.8 \frac{l}{\text{min}}$$

Na prática, recomenda-se que o compressor seja especificado com um acréscimo de 50% na vazão, ou seja, com um deslocamento da ordem de $1{,}5 \times 13{,}8 \cong 20$ l/min.

Dimensionamento da câmara de saturação

O ar é uma mistura de gases contendo à pressão normal aproximadamente 78% de nitrogênio, 21% de oxigênio e 1% de outros gases. O oxigênio tem uma solubilidade mais ou menos duas vezes e meia maior que o nitrogênio e, assim, dissolve-se mais rapidamente sob pressão na câmara de saturação. Em condições de equilíbrio, a 5 atm, o ar no interior da câmara de saturação tem uma composição de 88% de nitrogênio e 9% de oxigênio, causando uma redução na taxa de dissolução de ar na água de aproximadamente 9%. Em condições ideais de transferência no sistema ar-água, o rendimento na saturação não pode ser superior, portanto, a 91%.

Uma câmara de saturação pode ser simplesmente um tanque cilíndrico com uma superfície livre por onde se faz a dissolução na água. Esta solução é a menos eficiente, chegando a 60-70% da saturação teórica. A Figura 3.4 mostra os sistemas de saturação de ar sob pressão mais utilizados na prática corrente nos Estados Unidos e Inglaterra. Obtém-se uma eficiência próxima a 90% com saturadores dotados de recheio de anéis e 70-80% com reaeração interna.

A Figura 3.5 dá a relação entre o volume de ar dissolvido e o volume de água em função da pressão de saturação. A eficiência de uma câmara de saturação na dissolução de ar com coluna de recheio depende essencialmente de dois parâmetros: *altura da coluna* e *taxa de aplicação superficial*. Apesar de que a massa de ar dissolvida está diretamente relacionada com a pressão, esta não apresenta maiores conseqüências na eficiência do sistema para valores acima de três atmosferas manométricas. Do mesmo modo, a escolha do material de recheio não apresenta efeito significativo, tendo sido observado pequeno aumento na eficiência com o emprego de anéis tipo "Pall" de 30 mm.

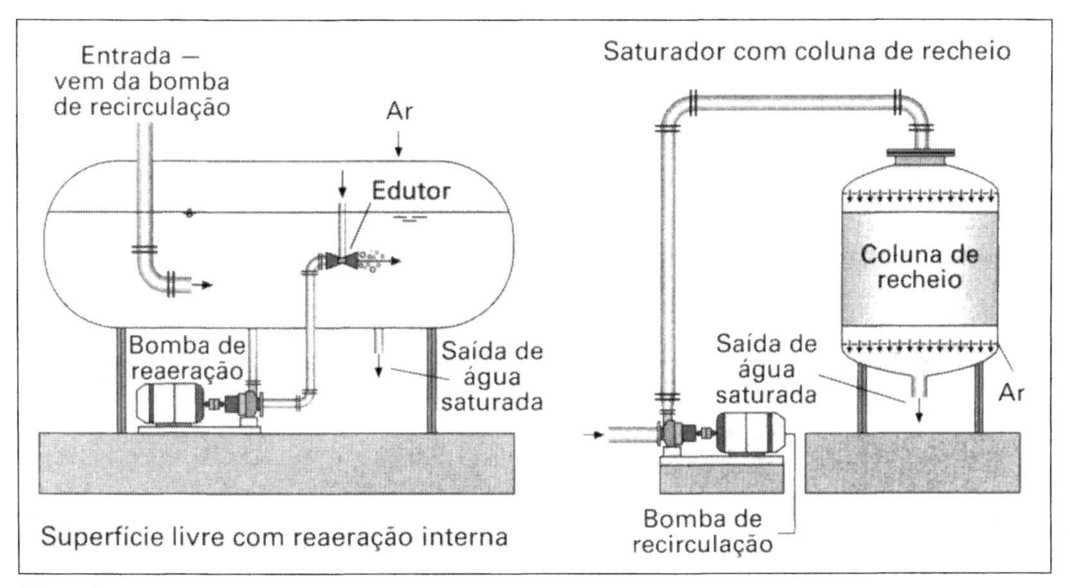

Figura 3.4 — *Tipos de sistemas de saturação*

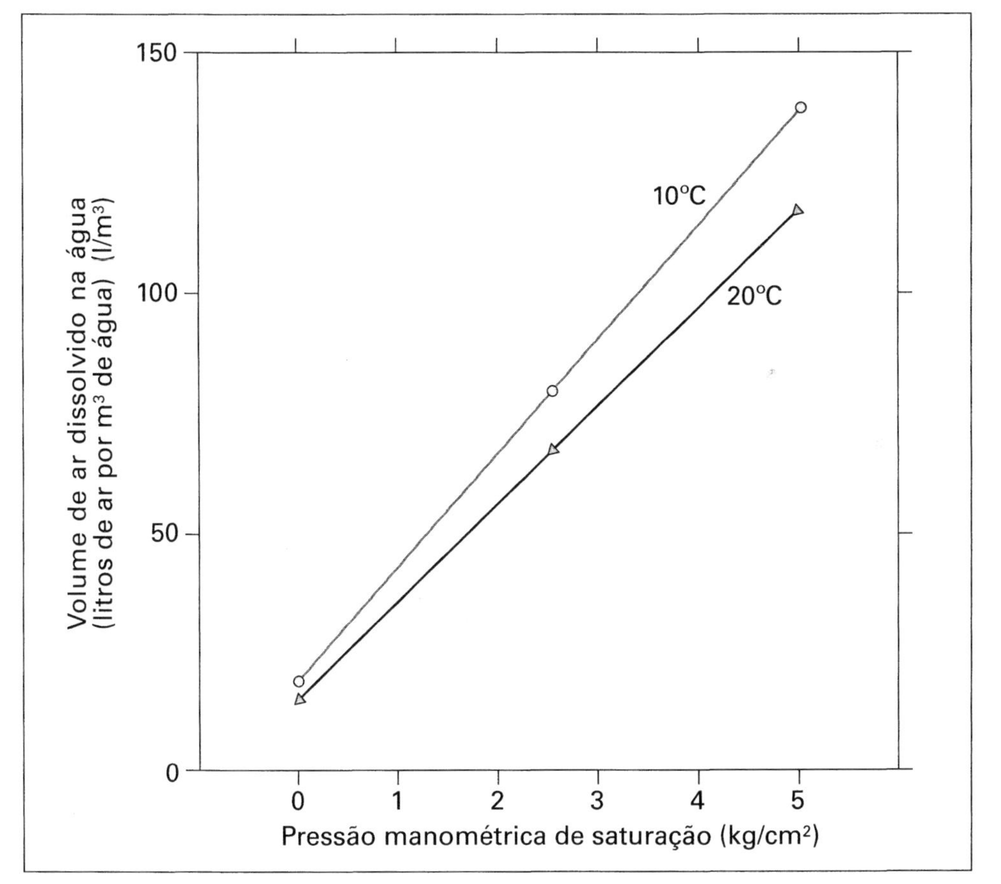

Figura 3.5 — *Volume de ar dissolvido na água em condições ideais de saturação para a flotação a ar dissolvido*

A taxa de escoamento superficial **V**, definida por q/a, onde $\boldsymbol{q}$ é a vazão de recirculação e $\boldsymbol{a}$ é a área da secção transversal do tanque de saturação, é um parâmetro importante para o seu dimensionamento, usualmente dada em m³/m².dia. É também expressa pela carga hidráulica **L** representando o fluxo de massa de ar sendo dissolvido por unidade de área do tanque, ou seja, em (kg/s)/m². A relação entre estas duas grandezas é dada por

$$L = \delta V \tag{3.20}$$

ou, como $V = q/A$

$$A \cdot L = \delta \cdot q \tag{3.21}$$

sendo δ a massa específica da água em kg/m³, A a área da secção transversal do saturador em m² e q a vazão de recirculação em m³/s. Os saturadores são usualmente dimensionados para taxas compreendidas entre 350 a 1.300 m³/m².dia (4 a 15 kg/s.m²), embora estudos em planta piloto tenham utilizado taxas de até 2.600 m³.m².dia (30 kg/s.m²) sem significativa queda de eficiência. Taxas superiores produzem inundação da camada de recheio, o que deve ser evitado.

A Figura 3.6 mostra tanques de saturação de um sistema de flotação de grande importância. O controle da entrada de ar pode ser feito por meio de uma instalação como a mostrada na Figura 3.7, tendo como peças principais um rotâmetro para ar e uma válvula solenóide acionada por uma chave de nível instalada no tanque de saturação. A pressão interna na câmara de saturação é determinada pelo sistema de ar. Estando a válvula de entrada de ar (válvula solenóide) fechada, o ar no interior da câmara vai sendo

Figura 3.6 *— Tanque de Saturação (Usina de Laguna Del Sauce, Uruguai)*

Figura 3.7 *— Caixa de controle de ar (Jaraguá do Sul, SC)*

absorvido pela água e a pressão interna tende a baixar e o nível de água, em conseqüência, a subir, acionando a chave de nível, que atua abrindo a válvula solenóide e permitindo a entrada de mais ar ao sistema. Dependendo da temperatura da água, a entrada de ar pode ser regulada de modo a equilibrar o sistema, permitindo uma admissão contínua de ar. O controle da entrada de ar será feito por meio de um rotâmetro para ar e por uma válvula solenóide acionada por uma chave de nível. A pressão interna na câmara de saturação é determinada pelo sistema de ar.

Exemplo 3.6 Dimensionar o tanque de saturação para a estação referida no exemplo anterior (Ex. 3.5), para uma carga superficial de 11,6 kg/s.m^2, admitindo uma altura da camada de recheio igual a 1,00 m. Verificar a taxa de escoamento superficial em m^3/m^2.dia e o tempo de detenção. O tanque terá a forma de um cilindro vertical.

Solução:

1. Dados:

Vazão	Q = 21 l/s = 0,021 m^3/s
Taxa de recirculação	r = 12,5%
Carga superficial	L = 11,6 kg/s.m^2
Densidade da água	r = 999 kg/m^3 a 20°C

2. Cálculos:

A vazão de recirculação é

$$q = 0,125 \times 0,021 = 0,0026 \text{ m}^3\text{s}^{-1}$$

Da equação (3.21)

$$A = \frac{\delta q}{L} = \frac{999 \times 0,0026}{11,6} = 0,226 \text{ m}^2$$

Diâmetro do tanque

$$D = \sqrt{\frac{4A}{\pi}} = \sqrt{\frac{4 \times 0,226}{3,1416}} = 0,54 \text{ m}$$

Taxa de escoamento superficial

$$V = \frac{q}{A} = \frac{0,0025}{0,226} = 0,0111 \text{ m/s} = 0,664 \text{ m/min} \cong 960 \text{ m}^3/\text{m}^2.\text{dia}$$

Tempo de detenção

$$T = \frac{H}{V} = \frac{1,00}{0,0111} = 90 \text{ s} = 1 \text{ min } 30 \text{s}$$

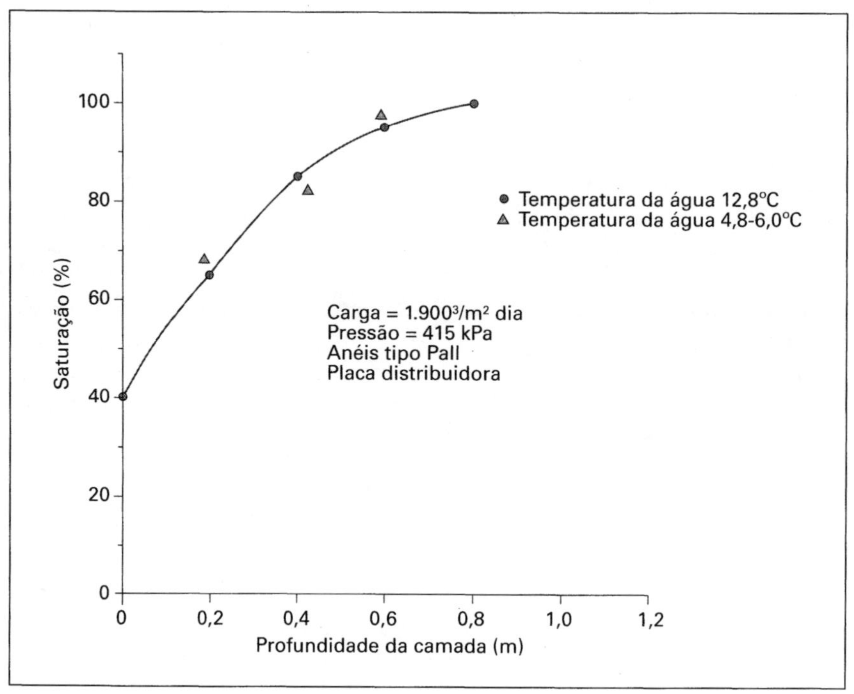

Figura 3.8 — *Eficiência na saturação em função da altura da camada de recheio*

A altura da camada de recheio é o parâmetro mais sensível na eficiência do tanque de saturação, como mostra a Figura 3.8, adaptada de Rees *et al.*[4] Quando esta altura é igual ou superior a 80 cm, valor usualmente adotado no dimensionamento do tanque, o ganho em eficiência não é significativo, conforme estudos mais recentes (Haarhoff e Rykaart[5]). Em função das taxas ou cargas superficiais utilizadas, o tempo de detenção na camada de recheio varia entre 1 a 3 minutos.

Formação das microbolhas

A eficiência da flotação a ar dissolvido depende da quantidade e do tamanho das microbolhas que são formadas na zona de reação (ou de contato). Para sua geração utilizam-se válvulas e bocais com orifícios de pequeno diâmetro que têm a finalidade de reduzir bruscamente a pressão na linha de água saturada. O fenômeno da cavitação que ocorre neste ponto, devido à súbita quebra de pressão, é o responsável pela liberação de ar e vapor que implodem em microbolhas. A implosão de ar que forma os núcleos iniciais de microbolhas se dá quase instantaneamente, em frações de segundo. O diâmetro $\mathbf{d_{nb}}$ destes núcleos e, portanto, das bolhas resultantes após sua coalescência, é inversamente proporcional à queda de pressão

$$d_{np} = 4\frac{\sigma}{\Delta P} \tag{3.22}$$

onde σ = tensão superficial (N/m) e
ΔP = diferencial de pressão (Pa = N/m^2).

Exemplo 3.7 Calcular o diâmetro dos núcleos das microbolhas geradas por uma queda de pressão de 4 kg/cm^2 a 20°C.

Solução: A 20°C,

$$\sigma = 72{,}75 \times 10^{-3} \text{ N/m}$$

$$4 \text{ kg/cm}^2 = 4 \times 98.039 \text{ Pa} = 392.160 \text{ N/m}^2$$

$$d_{mp} = 4 \times \frac{72{,}75 \times 10^{-3}}{392.160} = 7{,}4 \times 10^{-7} \text{ m} \cong 0{,}1 \, \mu\text{m}$$

O diâmetro final das bolhas parece estar numa razão inversa da queda de pressão que, uma vez aplicada, define o seu tamanho. Assim, qualquer tentativa de aplicar em série dispositivos que possam reduzir a pressão, tal como uma válvula e um bocal ou vice-versa, um em seguida ao outro, geralmente não conduz aos resultados esperados.

O crescimento das microbolhas é muito rápido, tomando menos que 1 segundo, e se dá por colisão, difusão e coalescência dos núcleos iniciais na corrente líquida. Os núcleos rapidamente aumentam em volume formando bolhas que alcançam um diâmetro entre 30 a 100 μm, com um valor médio em torno de 40-50 μm, e mantendo este tamanho quando a pressão de saturação é igual ou maior que 5 atm. Bolhas de maior tamanho, geradas por baixa pressão de saturação, devem ser evitadas pelas seguintes razões:

- O mesmo volume de ar, dividido em um maior número de bolhas de menor diâmetro, aumenta a probabilidade de contato com os flocos.
- As forças de adesão entre as bolhas e as partículas, causadas pela tensão superficial, são tanto mais intensas quanto menor é o diâmetro das bolhas.
- As bolhas de maior diâmetro sobem mais rapidamente, diminuindo o tempo de contato, e geram turbulência e gradientes de velocidade que podem quebrar os flocos.
- O volume de ar perdido com uma macrobolha é digno de nota: uma só bolha de 200 μm, entre 100 bolhas de 50 μm, contém 40% do ar disponível no sistema, que deixa de ser utilizado na flotação.

Em um ambiente fechado, como uma canalização, a concentração de núcleos de ar é muito grande, e, portanto, resulta uma taxa de coalescência elevada, podendo formar bolhas de grande diâmetro. Deste modo, é importante que o ar seja liberado o mais próximo possível da corrente de água floculada, evitando-se o transporte das microbolhas do ponto de quebra de pressão até o ponto de aplicação por uma canalização, ou, não sendo isso possível, que aquela seja a menor possível. A situação ideal é a que a válvula ou o bocal seja instalado no local de entrada de água floculada no tanque de flotação.

Para a geração das microbolhas empregam-se válvulas, bocais e outros dispositivos que possam lidar com um diferencial de pressão suficientemente grande para induzir cavitação na passagem. A pressão crítica corresponde aproximadamente à pressão absoluta zero na passagem, devendo ser inferior à pressão de vapor da água na temperatura de serviço. Aplicando o princípio de Bernoulli ao sistema, a velocidade que anula a pressão ***P*** é:

$$V = \sqrt{\frac{2P}{K \cdot \delta}} \tag{3.23}$$

onde K é o coeficiente de perda de carga na passagem.

A possibilidade de cavitação pode ser avaliada em termos do número ou coeficiente de cavitação σ, definido por:

$$\sigma = \frac{P_2 - P_v}{\rho \frac{V^2}{2}} \tag{3.24}$$

Exemplo 3.8 Calcular a velocidade mínima para se gerar cavitação em um orifício com saída afogada em 1,0 mca (9,8 kPa) com uma queda de pressão de 42 mca (412 kPa) a uma temperatura de 20°C e verificar a possibilidade de cavitação.

Solução:

1. Dados:

$K = 1{,}5$

$\delta = 998{,}23\ \text{kg/m}^3$ e $P_v = 2{,}34 \times 10^{-3}$ Pa

2. Cálculo:

Simples aplicação das equações 3.23 e 3.24, com

$P_1 = 412 \times 10^3$ Pa e $P_2 = 9.800$ Pa.

$$V = \sqrt{\frac{2 \times 412.000}{1{,}5 \times 998{,}23}} = 23{,}5\,\text{m/s}$$

Tanques de flotação

Os tanques de flotação podem ser circulares ou retangulares, sendo esta última forma a mais utilizada. Compreendem geralmente duas zonas: (i) a zona de reação, na qual as microbolhas geradas pelo sistema de descompressão e a suspensão a ser tratada são postas em contato, formando os aglomerados partícula/bolhas, e (ii) a zona de flotação propriamente dita.

Zona de reação ou de mistura

Geralmente a zona de reação ou de mistura flocos/microbolhas ocupa um compartimento separado à frente do tanque de flotação, como ilustrado na Figura 3.3. Recomenda-se que seu volume seja suficiente para pelo menos 30 seg a 1 minuto de mistura. Aqui se mostra a vantagem da forma retangular para o tanque de flotação, onde se verifica maior facilidade para uma mistura eficaz das microbolhas com os flocos. Os dispositivos de descompressão (válvulas, bocais ou orifícios) devem ficar o mais próximo possível ou na própria zona de mistura. Geralmente diversos destes dipositivos alimentados de um tubo com diversas ramificações são instalados com um espaçamento de 30 – 50 cm ao longo da entrada da suspensão, para promover uma distribuição uniforme da água saturada no influente. A turbulência na zona de mistura parece ser a consideração mais importante no dimensionamento: é necessária suficiente turbulência para promover as colisões entre as bolhas de ar e os flocos, mas não tão grande que possa causar a coalescência das microbolhas e a quebra de flocos. Fawcett[6] reporta valores para a velocidade na zona de mistura entre 1,7 a 2,8 cm/min.

A separação entre a câmara de mistura e o tanque de flotação é usualmente feita por meio de uma chicana inclinada de 60 – 75°, com a finalidade de dirigir o fluxo para a superfície do tanque e gradualmente reduzir a velocidade a um valor que mantenha a estabilidade da camada de microbolhas acumulada na superfície e que suporta o lodo sobrenadante. O número de Richardson é definido como

$$Ri = \frac{g \cdot \Delta\delta \cdot h}{\delta \cdot V^2} \quad \textbf{(3.25)}$$

onde g = 9,807 m/s²

$\Delta\delta$ = diferença de densidade entre a camada de microbolhas e a água clarificada

δ = densidade da água

V = velocidade na secção de entrada ao tanque de flotação

Considera-se que a camada de menor densidade, à superfície do decantador, está estável quando $Ri > 0{,}25$.

Exemplo 3.9 Na superfície de um tanque de flotação verifica-se uma camada de menor densidade (δ = 996,7 kg/m³) com cerca de 1 cm de espessura. A temperatura da água é de 20°C e, nesta temperatura, sua densidade é δ = 998,2 kg/m³. A velocidade da água na entrada do tanque de flotação é de 1,5 cm/s. Avaliar as condições de estabilidade da camada de menor densidade.

Solução: Diferença de densidade

$$\Delta\delta = 998{,}2 - 996{,}7 = 1{,}5 \text{ kg/m}^3$$

$$Ri = \frac{9.81 \times 1,5 \times 0,01}{998,2 \times (0,015)^2} = 0,66$$

Para os dados do problema, verificam-se boas condições de estabilidade para a camada de menor densidade e, portanto, da camada de lodo.

O número de Richardson permite antecipar que no início da flotação, quando a camada de lodo está em formação, verifica-se instabilidade devido à pequena ou ainda inexistente camada de menor densidade.

Zona de flotação

O dimensionamento dos tanques de flotação, como nos adensadores por gravidade, é baseado no critério da carga superficial, sendo usualmente aplicadas taxas da ordem de 240 a 300 m^3/m^2.dia (10 a 12 m/h) ou mais. Aplicações recentes chegam a 430 m^3/m^2.dia (18 m/h). A profundidade dos tanques de flotação pode ser feita menor que a dos tanques de decantação, geralmente entre 1,60 a 3,0 m, porém é preferível uma profundidade maior que 2,0 m. Em função da taxa superficial e da profundidade, o tempo de detenção usualmente resulta entre 5 e 15 minutos. No cálculo da área deve-se adicionar à vazão sendo tratada na unidade **Q**, a vazão de recirculação **q**, como segue:

$$A = \frac{Q+q}{V} \quad \textbf{(3.26)}$$

sendo V a taxa superficial. O tamanho máximo de uma unidade de flotação é limitado em função de condições hidráulicas e do sistema de remoção de lodo a cerca de 80 m^2, porém algumas instalações chegam a mais de 200 m^2.

A definição das dimensões é flexível, porque a relação comprimento-largura não é importante. Alguns estudiosos não recomendam um comprimento maior do que 12,0 m, com o argumento de que, a esta distância, praticamente todas as bolhas de ar já atingiram a superfície do tanque; no entanto, isto contradiz os conceitos de Hazen sobre a sedimentação e que podem ser aplicados à flotação. Os tanques de flotação da estação de tratamento de Birmingham (Inglaterra), têm um comprimento de cerca de 20,0 m, sem prejuízo. Com tanques mais profundos o comprimento pode ser maior e uma relação comprimento/profundidade sugerida é 4 : 1. A largura do tanque é limitada pelo tamanho máximo do raspador superficial de lodo, se previsto.

Exemplo 3.10 Dimensionar um tanque de flotação com capacidade para tratar 21 l/s (75 m^3/h) de lodo, com uma taxa de recirculação de 12,5% e a uma carga superficial de 288 m^3/m^2.dia (12 m/h). Adotar uma relação comprimento/largura igual a 5 : 3.

Solução: A vazão de recirculação é $q = 0{,}125 \times 75 = 9{,}4$ m^3/h. A área necessária será, portanto:

$$A = \frac{75+9{,}4}{12} = 7{,}0\,m^2$$

e as dimensões em planta: 3,5 m x 2,0 m.

Saída de água clarificada

A saída de água clarificada, diferentemente dos decantadores, é feita pelo fundo do tanque de flotação. A diferença de densidade entre a água clarificada e a camada de menor densidade superficial é muito maior que entre a água decantada e a zona de acumulação de flocos no fundo de um decantador, e, por isso, nos projetos dos tanques de flotação, não tem havido muito cuidado com o sistema de saída. Usualmente se tem feito uma passagem no fundo do tanque, na parede que o separa do canal de coleta de água flotada. Melhores condições hidráulicas de coleta de água flotada são obtidas com tubos perfurados ao longo de 1/3 a 3/4 do comprimento do tanque.

Remoção do lodo flotado

A remoção hidráulica do lodo, que pode ser uma alternativa atraente para tanques de flotação destinados no tratamento de água para abastecimento, é inconcebível no projeto de adensadores, porquanto a quantidade de água necessária para arrastar o lodo para a canaleta de descarga reduz a concentração do lodo flotado para 0,8% ou menos.

Os raspadores de lodo podem ser de translação ou rotativos. Os dispositivos mais simples são os rotativos (Fig. 3.9) que aproveitam a ação do movimento da água arrastando o lodo para a rampa de saída. São montados sobre a rampa, e, à medida que as lâminas dotadas de rodos de borracha do raspador giram, arrastam uma porção do lodo e a descarregam na canaleta lateral de descarga. Entretanto, o uso deste tipo de equipamento é mais indicado para tanques de menor comprimento, usualmente não superior a 5 – 6 m, e a lodos com suficiente consistência, que pode ser aumentada com o uso de polieletrólitos. A desvantagem dos raspadores rotativos consiste em arrastar alguma água com o lodo, produzindo um lodo no máximo com 3% de concentração de sólidos e, assim cortando a vantagem do adensamento por flotação, onde se pode obter um lodo com uma concentração de até 6 – 8%.

Figura 3.9 — Raspador rotativo

Figura 3.10 — Raspador de translação

O equipamento de raspagem mais indicado para remoção do lodo flotado em um adensador por flotação é o de translação, mostrado na Figura 3.10. Neste caso as lâminas, também dotadas de rodos de borracha ou de nylon, deslocam-se, por meio de um mecanismo de corrente e rodas dentadas, sobre a superfície do tanque, arrastando o lodo. À medida que se aproxima da rampa de descarga, o lodo tende a se adensar.

O raspador de translação pode cobrir todo o comprimento da zona de flotação, porém geralmente é suficiente ocupar a metade ou menos da extremidade de jusante do tanque. A cobertura total do tanque só é aconselhável quando o lodo tem pouca estabilidade.

O uso de polímeros tem um efeito significativo na qualidade do efluente, bem como na concentração de sólidos do lodo flotado. Com uma concentração mínima de sólidos no influente de 0,5% (5.000 mg/l) pode-se esperar uma concentração de sólidos no lodo flotado de 2 a 4%, sem o uso de polímeros. Com o uso de polímeros pode-se alcançar concentrações de 4 a 8%.

A espessura da camada de lodo varia inversamente com a freqüência das operações de raspagem e com a velocidade dos raspadores. À medida que estes parâmetros aumentam, a espessura da camada diminui. Normalmente, deve-se manter uma espessura de 15 a 20 cm para se ter um lodo suficientemente adensado.

A velocidade de translação deve ser suficientemente baixa, geralmente não superior a 1 m/min, e o movimento das peças suave e sem solavancos, para não quebrar a estabilidade da camada de lodo. Nos raspadores rotativos deve-se ajustar a velocidade de rotação de modo a se obter uma velocidade linear ou tangencial igual ou menor que 1 m/min.

O lodo é levado pelo raspador a uma canaleta lateral que pode descarregar por gravidade ou ser dotada de um transportador tipo parafuso, conduzindo o lodo gerado a um tanque de acumulação de lodo flotado e, deste, conduzindo ao sistema de desidratação de lodo. A canaleta de lodo deve ser estreita e ter o fundo arredondado e suficiente declividade para vencer as resistências ao fluxo, devidas à maior viscosidade do lodo (ver Cap. 6 – Transporte de lodo)

Referências

1. Warden, J.H, 1983 – *Sludge Treatment Plant for Waterworks*, Water Research Centre Report TR 189, Medmenham, Reino Unido.

2. Culp/Wesner/Culp – *Handook Of Public Water Systems*, Van Nostrand Reinhold Company Inc. Nova York, 1986.

3. AWWA Committee on Sludge Disposal – Lime Softening Sludge Treatment and Disposal, *Journal AWWA*, Nov. 1981.

4. Rees, A..J., D.J. Rodman and T.F. Zabel, 1980 – *Evaluation of Dissolved-air Flotation Saturator Performance*, WRC Report TR 143, Medmenham, UK.

5. Haarhoff, J. & E.M. Rykaart, 1995 – Rational Design of Packed Saturators, *Water Sci. Tech.* 31, No. 3 – 4.

6. Fawcett, N.S.J. – *The hydraulics of flotation tanks: computational modeling*, The Chartered Inst. of Water and Env. Manag., International Conference, Londres 1997.

Leitura complementar recomendada

1. Degrémont – *Memento Technique de L´Eau*, Edition du Cinquantenaire, Degrémont, 1989.

2. Ives, K.J. and H.J. Bernhardt – *Flotation Processes in Water and Sludge Treatment*, Pergamon Press, Oxford, Reino Unido, 1995.

4 MÉTODOS DE DESIDRATAÇÃO MECÂNICA

1 — GENERALIDADES

Entre os diversos equipamentos de desidratação atualmente disponíveis no mercado brasileiro, podem ser citados os seguintes, em ordem crescente de custo, e que atendem à exigência de uma torta com um mínimo de 20% de sólidos:

- *Prensa desaguadora* ("*Belt Filter*")
- *Centrífuga*
- *Filtro prensa*
- *Filtro rotativo a vácuo*

As tecnologias atualmente disponíveis para secagem de lodos usam um ou uma combinação dos seguintes princípios:

1. Separação por sedimentação em um campo de forças (gravitacional, centrífugo), quando os sólidos são mais densos que o líquido que os contém. O adensamento por flotação que permite a separação de sólidos menos densos é também possível e é uma alternativa atraente por sua eficiência e baixo custo.
2. Filtração, quando os sólidos são grandes o suficiente para serem retidos num meio ou superfície filtrante.

A aplicação do primeiro princípio inclui o adensamento por gravidade, a flotação e a centrifugação. O filtro a vácuo, o filtro prensa e a prensa desaguadora ("belt filter") são aplicações do segundo princípio.

O condicionamento com polieletrólitos é necessário com lodos de sulfato de alumínio ou de ferro, seja para aumentar o peso dos sólidos (1.º princípio), seja para aumentar o seu tamanho (2.º princípio). Os polieletrólitos com carga moderada são geralmente melhores que aqueles altamente carregados ou não iônicos.

A Tabela 4.1, adaptada de Cheremisinoff[1] apresenta as principais características destas tecnologias e, em seguida, serão apreciadas as principais vantagens e desvantagens dos equipamentos ou processos de desidratação de lodos mais utilizados, dando-se maiores detalhes para a prensa desaguadora e a centrífuga, que recentemente têm-se mostrado como os processos mais adequados para lodos provenientes da coagulação da água.

Tabela 4.1. Sumário das principais tecnologias de desidratação

Técnica	Aplicações	Limitações	Custo Relativo
Prensa desaguadoura	Capaz de obter um lodo relativamente seco, com 40-50% de sólidos secos. Lodo de sulfato 15 a 20%.	Sua eficiência é muito sensível às características da suspensão. As correias podem se deteriorar rapidamente na presença de material abrasivo	Baixo
Decantação centrífuga	Capaz de obter um lodo desidratado com 15-35% de sólidos. Lodo de sulfato 16-18%. Lodos de cal desidratam mais facilmente. Taxa de captura de sólidos entre 90-98%. Adequada para áreas com limitação de espaço	Não tão efetiva na desidratação como a filtração. O tambor está sujeito à abrasão.	Médio
Filtro prensa	Usado para desidratar sedimentos finos. Capaz de obter torta com 40-50% de sólidos em lodos de cal, com uma taxa de captura de até 98%	Necessita a aplicação de cinza e cal. Elevação do pH a 11,5. Troca do meio filtrante demorada. Elevado custo operacional e de energia	Alto
Filtro rotativo a vácuo	Mais indicado para desidratar sedimentos finos granulares, podendo obter torta de até 35-40% de sólidos e uma taxa de captura entre 88 a 95%	É o método menos eficaz de filtração Elevado consumo de energia	Mais alto

Sendo conhecida a massa de sólidos a ser tratada por hora, M_S (em kg deSS/h), um dimensionamento preliminar expedito das instalações de desidratação e a estimativa do custo operacional podem ser obtidos com as informações dadas na Tabela 4.2, obtidas de Rushton *et al.* em recente publicação[2]. Estas informações mostram ser a prensa desaguadoura, em uma primeira apreciação, a alternativa mais econômica. Todavia, avaliações feitas no Brasil (DEMAE — Departamento Municipal de Águas e Esgotos de Porto Alegre, SABESP de São Paulo) dão indicações contraditórias — umas a favor do decantador centrífugo, outras da prensa desaguadoura.

Tabela 4.2. Produtividades típicas, insumos e custos operacionais na desidratação de lodos

Unidade	Pré-tratamento	Capacidade	Energia W/kg	Custo (1991) U$/Ton.SS
Prensa desaguadoura	Polímeros 1-5 g/kgSS	50-500*	2-20	23,00
Decantador centrífugo	Polímeros 2-7 g/kgSS	100-500**	30-60	26,00
Filtro prensa	FeCl3 3-12% Cal	1,5-5	15-40	29,00
Filtro a vácuo	FeCl3 2-12% Cal 3-37% Outros	15-40***	50-150	—

TonSS = tonelada de sólidos secos
*Capacidade em kgSS/h por metro de correia da prensa (normalmente de 1 a 3 m)
**kgSS/h em centrífuga com tambor de diâmetro interno 40-45 cm
***kgSS/h. por m^2 de área filtrante

Exemplo 4.1 A massa de sólidos precipitada no Exemplo 2.1 resultou em 0,013 kgSS/s (quilogramas de sólidos secos por segundo). Com os dados da Tabela 4.2, pré-dimensionar e determinar o custo operacional do sistema de desidratação, considerando as duas alternativas mais baratas: prensa desaguadoura e decantador centrífugo.

Solução: 1. Massa de lodos a tratar: 0,013 × 3600 = 46,8 kg/h =1,123 Ton/dia

2. Pré-dimensionamento da prensa desaguadoura:

Assumindo uma taxa de 150 kg/h.m (aproximadamente a 25% da faixa de variação dada na Tab.4.2), serão suficientes:

46,8/150 = 0,312 m de tela.

Adotando uma prensa desaguadoura com telas de 1,0 metro, o período diário de operação resulta 0,312/1,0 × 24 = 7,5 horas, adequado para uma pequena instalação.

Custo operacional:

1,123 × 23,00 = U$ 25,82/dia = U$ 775,00/mês

3. Pré-dimensionamento do decantador centrífugo:

Admitindo o mesmo período de operação da prensa desaguadoura (7,5 h), o fluxo de massa para a centrífuga será

24/7,5 × 46,8 = 150 kgSS/h,

portanto, sendo suficiente um decantador centrífugo com 40 cm de diâmetro.

Custo operacional: 1,123 × 26,00 = U$ 29,20/dia = U$ 876,00/mês

2 — FILTRAÇÃO A VÁCUO

O filtro rotativo a vácuo não funciona bem com lodos leves como o de sulfato de alumínio, mesmo com o condicionamento por polímeros. O lodo não é retido pelo tecido do filtro e os poros da tela são obstruidos muito rapidamente ("blinding"). Fazendo-se um pré-revestimento da tela com terra diatomácea, por exemplo, pode-se aumentar sua eficiência, porém o custo operacional torna-se proibitivo. Por isso é muito pouco usado na desidratação de lodos de estações de tratamento.

3 — FILTRO PRENSA

O filtro prensa ganhou popularidade por sua capacidade de tratar lodos provenientes da coagulação da água, porque foi o primeiro sistema a produzir uma torta com um teor elevado de sólidos, adequada à disposição direta em aterro sanitário. A introdução de prensas automáticas ou semi-automáticas renovou o interesse na utilização desse processo.

Os filtros prensa mais utilizados na desidratação de lodos de estações de tratamento de água são o de tipo câmara, de volume fixo, e o de membrana ou diafragma, de volume variável. Este último é mais recente e eficiente, porém seu custo inicial é da ordem de três vezes o de câmara.

O filtro prensa de câmara é o mais simples e econômico. Um exemplo deste tipo de filtro é dado na Figura 4.1. Consta de uma série de placas tipo câmara, dispostas entre uma meia placa fixa e uma meia placa móvel nas extremidades. Cada placa tem uma secção reentrante ou recesso que forma o espaço que será ocupado pela torta final. O meio filtrante é instalado contra as paredes internas das placas e retém os sólidos, deixando passar o filtrado.

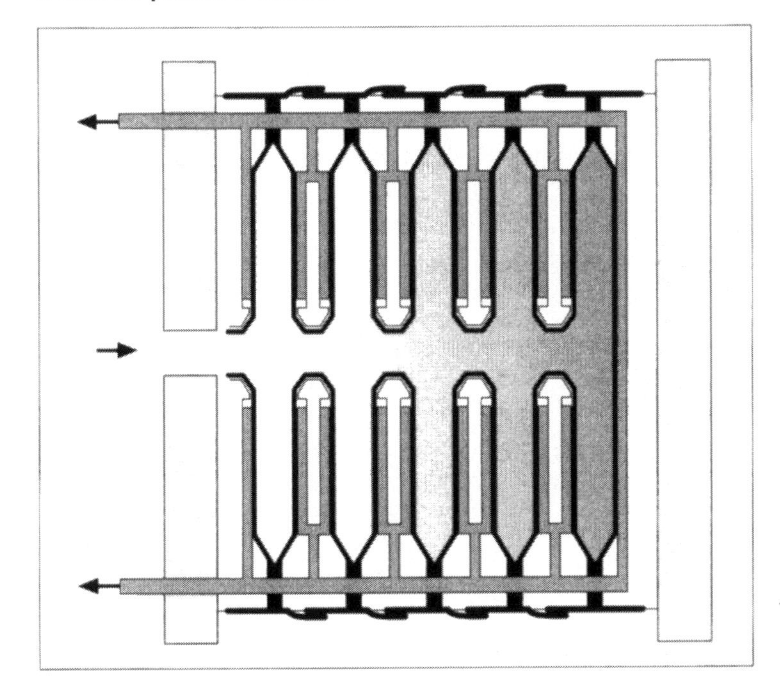

Figura 4.1 — *Representação esquemática de um filtro prensa de câmara*

Assim, há duas superfícies filtrantes por placa interna e uma nas placas externas. As placas têm geralmente a forma quadrada, porém também existem placas retangulares. Seu tamanho pode variar desde 250 mm × 250 mmm até 1.500 mm × 1.500 mm ou mais.

A operação de um filtro prensa é mais comumente feita por batelada, entretanto há unidades mais modernas de operação contínua. Assim, conhecendo-se a massa e o volume de lodo a ser tratado e o ciclo de operação da máquina para se obter um resultado desejado, o dimensionamento do filtro prensa fundamenta-se no volume da reentrância das placas, ou seja, trata-se de determinar o número de placas, fixado o seu tamanho. A espessura da reentrância é um parâmetro crítico no projeto de um filtro e são normalizadas em 25, 30 e 40 mm. Lodo gelatinoso como o de sulfato de alumínio é mais bem desidratado com placas de menor espessura, digamos 25 mm.

A taxa de aplicação m para lodos de estações de tratamento de água é de 1,5 a 2,5 kg/h de sólidos secos por metro quadrado de área filtrante, na coagulação por sais de alumínio, e de 1,5 a 3,5 kg/h.m^2, com sais de ferro.

É claro que é possível uma série de tamanhos e números de placas atendendo à necessidade do projeto. Entretanto, entre as diversas alternativas, é melhor escolher um menor número de placas de maior tamanho. Informações para o dimensionamento econômico de um filtro prensa podem ser obtidas dos fabricantes.

A área aproximada e o volume correspondente para uma espessura de 25 mm são relacionados na Tabela 4.3 e a definição do número de placas na Tabela 4.4, é adaptada de Rushton[2].

Tabela 4.3 – Área da placa e volume da reentrância

Tamanho da placa (mm)	Área por câmara (m^2)	Capacidade por câmara (m^3)
300 x 300	0,14	0,002
460 x 460	0,35	0,005
610 x 610	0,65	0,008
760 x 760	0,97	0,013
910 x 910	1,45	0,018
1.060 x 1.060	2,02	0,024

Tabela 4.4 — Área filtrante e seleção do número de placas

Área necessária (m^2)	Tamanho da placa (mm)	Número aproximado de placas
0,93	300 x 300	6
2,32	300 x 300	15
4,65	300 x 300	30
9,29	460 x 460	25
18,6	610 x 610	30
27,9	760 x 760	30
37,2	760 x 760	40
46,5	760 x 760	50
55,7	760 x 760	60
65,0	810 x 810	60
74,3	810 x 810	66
83,6	810 x 810	75
92,9	810 x 810	84
111,5	910 x 910	75
130,0	1060 x 1060	65
139,4	1060 x 1060	70

Exemplo 4.2 O projeto da estação de tratamento de água da cidade de Caçador (SC) prevê uma quantidade de resíduos sólidos removidos por flotação igual a 60 kg/h. Selecionar um filtro prensa, considerando uma taxa de 2,0 kg/h.m^2.

Solução: O primeiro passo é determinar a área necessária,

$$A = \frac{M_s}{m} = \frac{60}{2} = 30\,\text{m}^2$$

Pela Tabela 4.4, seria suficiente um filtro prensa com 35 placas de 760 mm.

O lodo é bombeado para o interior das placas sob uma pressão que pode variar entre 6,9 a 69,0 bar, por meio de uma bomba de deslocamento positivo, usualmente do tipo multicelular. O líquido filtrado flui através do meio filtrante e é drenado para o exterior da máquina por meio de canais cortados na superfície das placas.

A operação de bombeamento de lodos continua até uma dada pressão e, no momento em que não mais se observa a saída de líquido, o bombeamento é interrompido. O filtro prensa é, então, aberto, permitindo a remoção da torta. O período que dura a operação é chamado de "tempo de prensagem", que pode variar de 1 a 6 h, o maior tempo necessário para lodos de difícil desidratação como os provenientes da coagulação; cerca de 20 – 30 minutos são necessários para a alimentação do lodo e a formação da torta inicial. A seguinte equação, adaptada de Degremont[3], pode ser utilizada para calcular o tempo de prensagem:

$$T = 0{,}213\,k \cdot 2^{n}\,\frac{\mu \cdot r \cdot e^{2}}{P^{1-n}}\,C_{0}\left(\frac{\partial_{L} \cdot C}{C_{0}} - 1\right)^{2} \qquad \textbf{(4.1)}$$

onde k = coeficiente de colmatação das telas que pode variar de 1,2 a 1,3 até 500 prensagens; acima disso, 1,5;

n = coeficiente de compressibilidade;

r = resistência específica, em 10^{11} m/kg;

e = espessura da reentrância entre as placas, em cm;

P = pressão máxima de filtração, em kg/cm^2;

δ_L = densidade da torta, em kg/l;

C_0, C = concentração do lodo e da torta, em m/m .

Exemplo 4.3 Pretende-se desidratar um lodo de sulfato de alumínio com resistência específica de $0{,}80 \times 10^{11}$ m/kg e concentração inicial C_o = 3% a uma concentração final da torta de 35%. Sendo dados:

- K = 1,25
- Densidade da torta δL = 1,18 kg/l
- Coeficiente de viscosidade μ = 1,03 centipoise (a 20°C)
- Pressão máxima de operação 60 kg/cm^2.

O lodo foi condicionado com cal, reduzindo seu coeficiente de compressibilidade para cerca de 0,8. Verificar os cálculos para n = 1,0 e n = 1,5 (este último valor corresponde à compressibilidade do lodo de sulfato sem condicionamento químico).

Solução: 1. A aplicação direta dos dados à equação (4.1) nos dá:

$$T = 0{,}213 \times 1{,}25 \times 2^{0{,}8} \times \frac{1{,}03 \times 0{,}80 \times (2{,}5)^{2}}{(60)^{1-0{,}8}} \times$$

$$\times\ 0{,}05 \times \left(\frac{1{,}18 \times 0{,}35}{0{,}05} - 1\right)^{2} \cong 2{,}8\,\text{h}$$

2. Refazendo os cálculos para n = 1 e n = 1,5, respectivamente vem

T = 7,2 h e T = 79,2 h.

No exemplo acima fica clara a importância do condicionamento prévio dos lodos coagulados por sais de alumínio ou de ferro, sendo fundamental a redução tanto da resistência específica como do coeficiente de compressibilidade com a adição de cal, cimento, cinza ou qualquer outro material que promova o mesmo efeito.

Na operação do filtro prensa, portanto, deve ser usada cal para elevar o pH a 11 ou mais. Para isso, as dosagens de cal são relativamente altas, podendo ser estimadas entre 150 a 200 mg/l para águas deficientes em cálcio e alcalinidade, características da maior parte das águas superficiais do Brasil. Entretanto, como estes valores referem-se a litro de lodo adensado, não devem representar muito no custo do metro cúbico de lodo produzido.

O lodo e a cal devem ser misturados pelo menos por 30 minutos. Algumas vezes pode ser necessária também a aplicação de um polímero. Com um precondicionamento adequado, pode-se chegar a teores de sólidos na torta da ordem de 35 - 45%.

A escolha da tela filtrante deve ser bastante cuidadosa, a fim de se evitar a aderência da torta na placa, o que dificultaria a sua descarga. A tela é geralmente do tipo monofilamento e se caracteriza por sua permeabilidade e tamanho de partículas retidas. Como referência de permeabilidade, se utiliza o fluxo de ar por unidade de superfície a um dado diferencial de pressão, por exemplo, 800 $l/m^2.h$ a 0,1 kPa. Entretanto, este dado não representa as condições de trabalho da tela, porquanto a própria torta em formação atua como filtro. Na prática, para lodos de fácil desidratação, se utilizam telas de baixa permeabilidade, como 250 $l/m^2.h$, e, para filtros de difícil secagem, telas de alta permeabilidade, como 1500 $l/m^2.h$.

A limpeza da tela para remoção de material acumulado deve ser feita periodicamente, por exemplo, a cada 30–40 cargas, com jatos de água de alta pressão. Quando se usa cal como condicionador do lodo é necessário também a lavagem com ácido clorídrico diluído e, a este respeito, a tela deve ser, portanto, resistente tanto à ação de um álcali como de um ácido.

4 — PRENSA DESAGUADOURA

A prensa desaguadora ou filtro prensa de correia ("Belt Filter Press"), mostrada na Figura 4.2, é apropriada para a secagem de lodos provenientes da coagulação da água e é capaz de produzir uma torta com uma consistência adequada para a disposição em aterro sanitário. O filtro prensa de correia combina características tanto do filtro rotativo a vácuo como do filtro prensa e, sob certas circunstâncias, oferece vantagens sobre aqueles processos.

Figura 4.2 — *Prensa desaguadoura (fabricação MULTIAGUA, Blumenau, SC)*

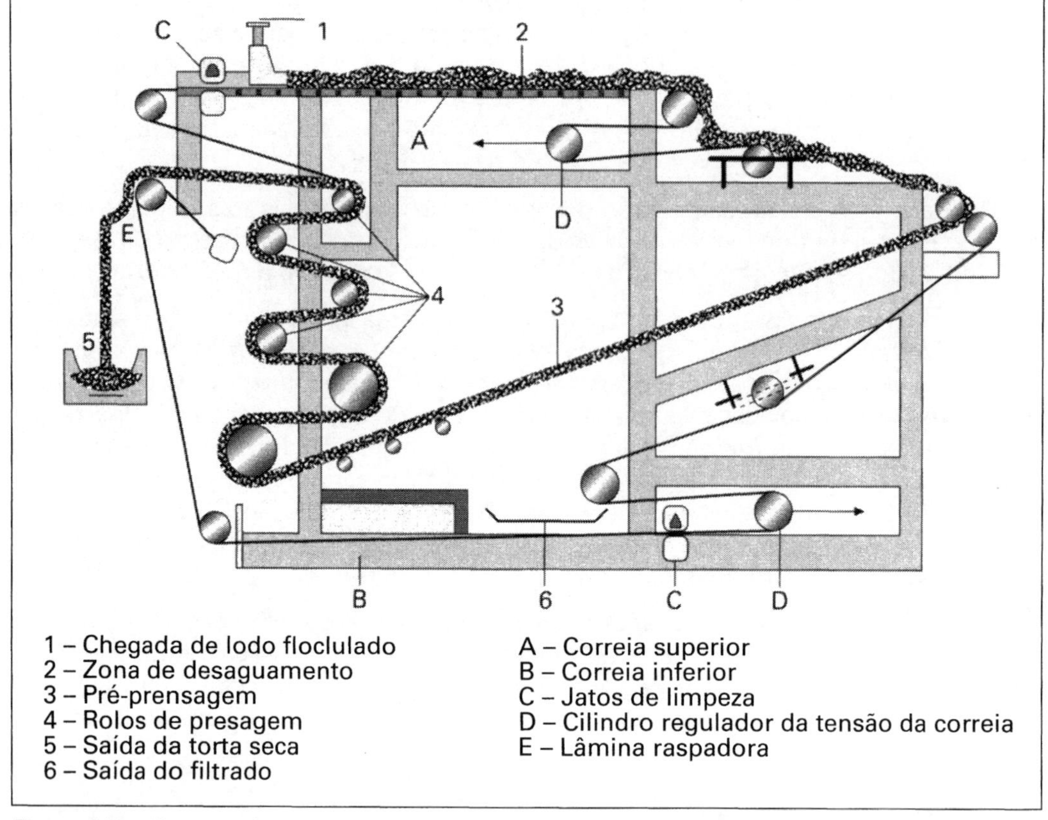

Figura 4.3 — *Esquema de uma prensa desaguadoura (Cortesia de ETA Engenharia Ltda.)*

Realizando uma desidratação contínua, este tipo de dispositivo faz passar o lodo por entre duas correias porosas móveis e tensionadas, espremendo a água à medida que o sanduíche lodo/correia passa acima e abaixo de uma série de rolos de diâmetros diferentes, conforme ilustrado na Figura 4.3. A operação da prensa desaguadora executa vários passos de processamento:

1. condicionamento químico, para flocular o lodo em uma massa fibrosa e extrair a água aderente às partículas de lodo;
2. drenagem gravitacional, para permitir que a água liberada no condicionamento químico escorra livremente através de uma correia porosa contínua;
3. estágio de baixa pressão, onde o lodo passa por uma cunha formada pelas duas correias sobrepostas tensionadas pelo sistema de rolos, expelindo água por compressão e formando um tapete com a torta de lodos expremida entre as correias;
4. estágio de alta pressão, onde a torta de lodos é compactada ao extremo, drenando mais água através da correia.

Seleção da Tela

A escolha da tela é um fator decisivo no sucesso ou fracasso de uma prensa desaguadora. O tipo ótimo depende das propriedades da suspensão e dos objetivos da filtração (formação da torta, qualidade do filtrado etc.), devendo ser considerados os seguintes fatores: (i) diâmetro e material do(s) fio(s), (ii) geometria da tela e padrão do tecido, (iii) número de fios longitudinais (urdume ou urdidura[1]) e transversais (trama[2]), resistência à tração no sentido longitudinal ou do urdume, (iv) número de fios na malha por unidade de comprimento, (v) abertura da malha, (vi) permeabilidade ao ar e/ou à água.

As telas podem ser construídas com uma grande diversidade de materiais: lã, algodão, fibras de aço, vidro, nylon, teflon (politetrafluoretileno), polietileno, poliéster etc. Por sua elevada resistência mecânica, flexibilidade e resistência química, as telas de poliéster são particularmente indicadas para o uso em prensas desaguadouras. A Tabela 4.5 dá as principais propriedades das fibras de poliéster usadas em prensas desaguadouras.

Tabela 4.5 — Propriedades físicas das fibras de poliéster usadas em prensas desaguadouras

Massa específica (kg/m^3)		1380
Resistência tênsil no sentido do urdume (N/cm)		800-3000
Elongação na ruptura (%)		10-20
Resistência à luz ultravioleta		recomendada
Resistência a fungos, putrefação e ao mofo		recomendada
Resistência à temperatura (°C)	*Contínua*	150
	Curta duração	200

O número de fios da trama de um tecido por unidade de comprimento é usualmente dado em unidades por cm (cm^{-1}) ou unidades por polegada (in^{-1}), indicando primeiro o número de fios do urdume e em seguida os da trama. Por exemplo: 200 × 300 fios/in (= 79 × 118 fios/cm) indica que o tecido tem 200 fios por polegada (79 fios por centímetro) no sentido longitudinal e 300 fios por polegada (118 fios por centímetro) no sentido transversal. Na Figura 4.4 estão representados os principais parâmetros que caracterizam um tecido simples, com um fio de trama passando alternadamente sobre e sob um fio de urdume. Normalmente estes fios têm o mesmo diâmetro, porém uma maior resistência pode ser obtida em uma urdidura com fios de maior diâmetro que os da trama. A porosidade ou proporção de área livre ou aberta de um tecido pode ser determinada pela seguinte expressão:

$$\varepsilon = \left(\frac{e}{e+d} \right)^2 \times 100 \qquad \textbf{(4.2)}$$

ou por:

$$\varepsilon = (1 - m \cdot d) \cdot (1 - n \cdot d) \qquad \textbf{(4.3)}$$

[1] Urdidura = *Warp* em inglês
[2] Trama = *Weft* em inglês

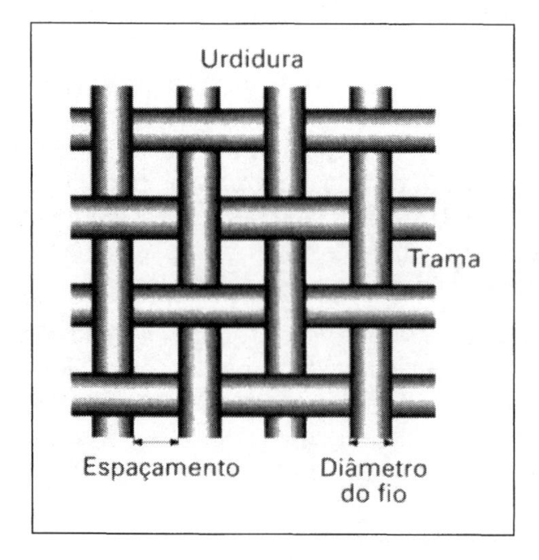

Figura 4.4 — *Configuração básica de uma tela*

onde **e** é o espaçamento entre os fios ou abertura da malha, **d** é o diâmetro dos fios, **m** e **n** são respectivamente o número de fios nos sentidos longitudinal e transversal do tecido. Se m = n, a equação (4.3) fica:

$$\varepsilon = (1 - n \cdot d)^2 \tag{4.4}$$

Exemplo 4.4 Uma tela de poliéster de classificação comercial tipo 311-020, tem as seguintes características principais:

Diâmetro dos fios: d = 0,25 mm
Número de fios por unidade de comprimento: n = 15/cm = 1,5/mm
Abertura da malha: e = 0,42 mm

Calcular a percentagem de área aberta (ou porosidade).

Solução: Trata-se de uma simples aplicação das equações dadas acima.

$$\varepsilon = \% \text{ de área aberta} = \left(\frac{0,42}{0,42 + 0,25}\right)^2 \times 100 = 39,2\%$$

ou

$$\varepsilon = (1 - 1,5 \times 0,25)^2 = 0,391 = 39,1\%$$

Parâmetros de operação

A eficiência de uma prensa desaguadoura depende essencialmente das características do lodo aplicado, de seu adequado condicionamento, do tempo de prensagem e da pressão aplicada pelas telas e de seu tipo e abertura da malha. O condicionamento com polímeros produz a floculação que permite à água drenar com mais facilidade e dá ao floco uma estrutura fibrosa que facilita a sua retenção nas telas.

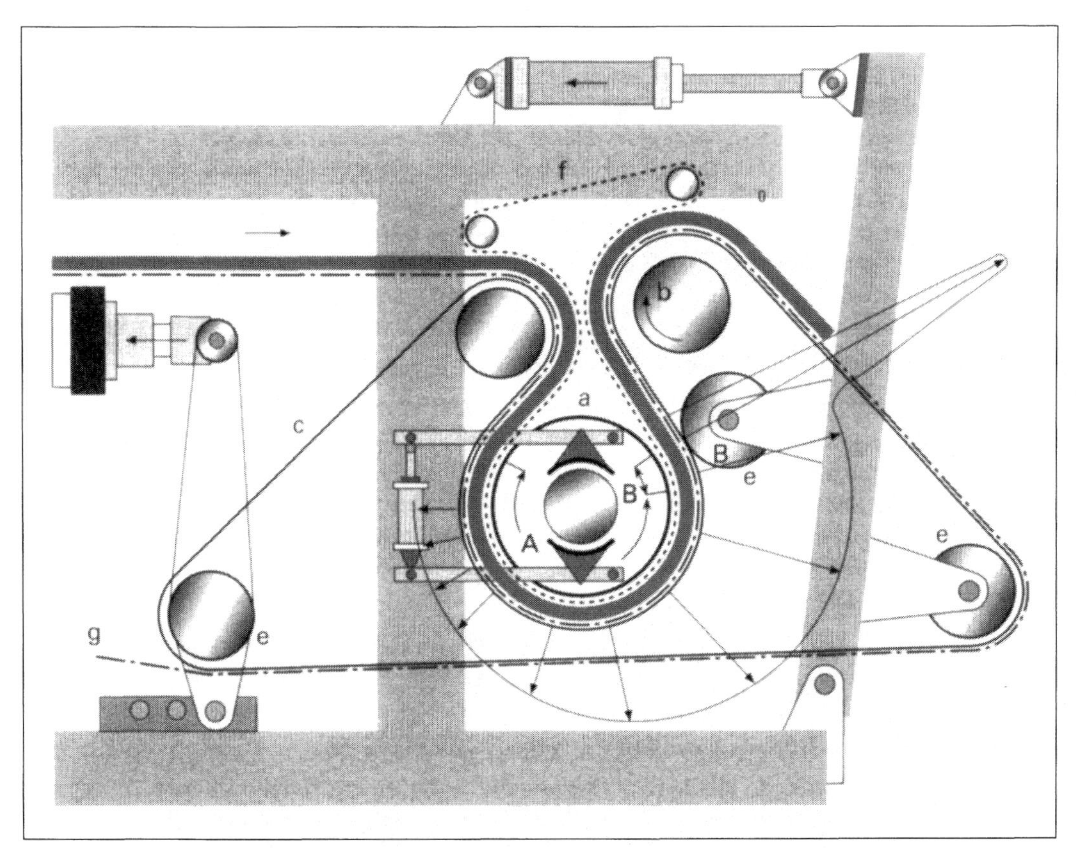

Figura 4.5 — *Movimento e desenvolvimento de pressão (adaptado de Ref. 2)*

Lodos de natureza mais granular como os provenientes do abrandamento a cal desidratam mais facilmente, podendo-se obter uma torta com 50-60% de sólidos secos. Lodos gelatinosos como os de sulfato de alumínio são mais difíceis de desidratar, não se obtendo uma torta com muito mais de 20%, a não ser quando a natureza da água bruta (alta turbidez) produz flocos com partículas minerais em suspensão em quantidade suficiente. Neste caso, a torta pode resultar com até 40-50% de sólidos secos.

O movimento relativo das telas na passagem entre os rolos, como mostra a Figura 4.5, induz uma tensão de cisalhamento no lodo que, com a pressão aplicada pelas telas, realiza a ação de desidratação. Normalmente a pressão aplicada pelos rolos **P** é baixa, entre 0,03 e 0,1 MPa e é diretamente proporcional à tensão de esticamento das telas **T** (limitada pela resistência das mesmas) e inversamente proporcional à largura das mesmas **L** e ao diâmetro dos rolos **D**:

$$P = \frac{2T}{\pi L D \frac{\alpha}{360^\circ}} \quad \textbf{(4.5)},$$

onde α é o ângulo coberto pelas telas sobre o rolo.

Assim, com a diminuição do diâmetro do rolo a pressão aumenta. Uma prensa desaguadoura construída com rolos de igual diâmetro terá uma maior área de prensagem, porém não se obtém um elevado grau de desidratação porque a pressão resulta constante e relativamente baixa. O ideal é a aplicação de uma pressão progressivamente mais elevada, à medida que o lodo se desidrata. Conceitualmente, na desidratação de um lodo, há uma máxima pressão que pode ser aplicada em função do tempo de prensagem. Se esta relação pressão/tempo é ultrapassada, o lodo parcialmente desidratado escorre pelos lados da telas. Este inconveniente é solucionado com rolos de diâmetros escalonadamente decrescentes. Uma prensa desaguadoura com rolos de diâmetros decrescentes produz uma torta mais desidratada e, portanto, é a mais indicada para a secagem de lodos de estações de tratamento de água.

Para se obter a maior desidratação de um lodo na operação de uma prensa desaguadoura, a relação pressão aplicada/tempo de prensagem deve ser a maior possível, quer dizer, reduzir a velocidade de translação das telas e/ou aumentar a tensão aplicada a elas. De um modo geral, os lodos provenientes da coagulação da água, por seu caráter gelatinoso, não devem ser sujeitos a pressões elevadas, devendo-se, portanto, achar um ponto de equilíbrio e/ou aumentar a dose de polímero e, eventualmente, ampliar o caráter granular do lodo com a adição de cal, por exemplo.

A velocidade das telas, que pode ser ajustada usualmente no intervalo de 1,5 a 2,4 m/min, é função também da vazão de alimentação de lodo na prensa desaguadora, a qual geralmente está compreendida entre 6-10 m^3/h por metro de tela para aplicações de desidratação de lodos de estações de tratamento de água.

A taxa de aplicação de sólidos secos pode ser definida em função da relação entre a quantidade de hidróxido de alumínio precipitada na coagulação e a quantidade de sólidos secos presentes na água bruta. Quanto maior esta relação, menor deve ser a taxa de aplicação.

Tabela 4.6 — Taxa de aplicação de sólidos secos em prensas desaguadoras em função da relação Al(OH)3/SS

Relação Al(OH)3/SS (%)	Capacidade (kg/h.m)	Dose de polímero (g/kg SS)
40 - 50	80 - 130	2 - 3
$\leq$ 20	300 - 450	3 - 4

Exemplo 4.5 Uma água bruta proveniente de uma represa, tem as seguintes características básicas: turbidez 10 UNT e cor 30 UNT e a dosagem ótima para sua coagulação, determinada por "jar-test", resultou em 35 mg/l de sulfato de alumínio. Selecionar a taxa de sólidos a ser aplicada no dimensionamento da prensa desaguadoura..

Solução: Os sólidos contidos no lodo compreendem (ver Capítulo 2) principalmente os originados da cor e turbidez da água bruta mais os hidróxidos originados na coagulação:

- Cor $0{,}2 \times 30 = 6$ mg/l
- Turbidez $1{,}3 \times 10 = 13$ mg/l
- $Al(OH)_3$ $0{,}26 \times 35 = 9{,}1$ mg/l

A relação hidróxidos/sólidos secos resulta, então

$$9{,}1/(6 + 13) = 0{,}478 = 47{,}8\%,$$

indicando um lodo muito rico em hidróxido, portanto difícil de desidratar. A taxa de aplicação de sólidos deverá se situar entre 80 e 130 kg/h por metro de esteira. Poder-se-ia selecionar um valor como 100 kg/h.m, para um dimensionamento preliminar a ser confirmado, principalmente no caso de grandes instalações, por ensaios em escala piloto.

Terminada a fase de prensagem, as telas continuam seu percurso, passando automaticamente pelo sistema de lavagem e limpeza. A vazão de água de lavagem varia entre 18 a 22 m^3/h por metro linear de esteira, espargida por bocais a uma pressão de 4-5 bar.

Exemplo 4.6 Dimensionar a prensa desaguadoura para uma estação de tratamento com capacidade para 580 l/s que trata uma água com as características do exemplo anterior. A prensa deverá operar 18 h/dia.

Solução: A massa total de sólidos precipitados em mg/l é

$$S = 6 + 13 + 9 = 28 \text{ mg/l} = 0{,}028 \text{ kg/m}^3$$

A massa total de sólidos precipitada por dia é

$$M_S = 86400.S.Q = 86400 \times 0{,}028 \times 0{,}580 = 1.400 \text{ kg/dia}$$

Que deverá ser processada em 16 horas, ou

$$M_s = 1.400/16 = 87{,}5 \text{ kg/h a uma carga m} = 100 \text{ kg/h.m}$$

$$L = \frac{M_S}{m} = \frac{87{,}5}{100} = 0{,}875 \text{ m}$$

Ou seja, uma prensa desaguadoura com tela de 1,0 m de largura.

5 — DECANTADORES CENTRÍFUGOS

Os decantadores ou centrífugas de tambor ("decanters") têm tido larga aplicação na secagem dos lodos de usinas de tratamento de água, com a maior parte das aplicações em lodos de abrandamento a cal, mais fáceis de tratar. Aperfeiçoamentos recentes no projeto dessas máquinas, paralelamente com o uso de polímeros no condicionamento, têm expandido seu emprego no tratamento de lodos de coagulantes metálicos, com resultados satisfatórios.

Uma centrífuga (Fig. 4.6) consta de um tambor cilíndrico de eixo horizontal com uma secção cônica convergente em uma extremidade, que gira em torno de seu eixo a

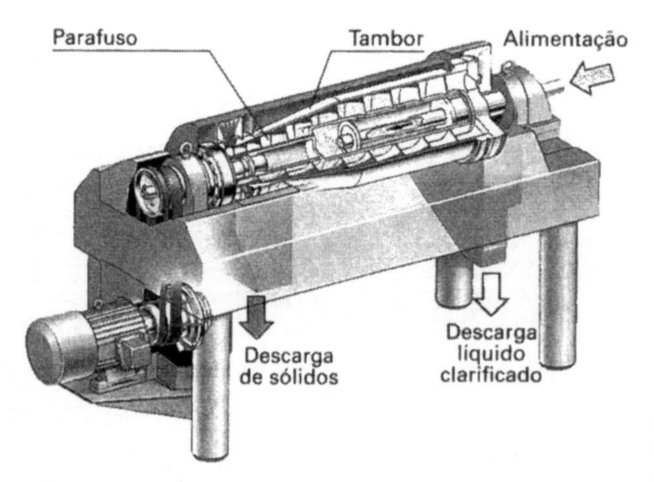

***Figura 4.6** — Interior de uma centrífuga (cortesia de Westphalia Separator)*

3000 - 4000 rpm. Um transportador tipo parafuso no interior do tambor gira a uma velocidade ligeiramente diferente do tambor, raspando, assim, o lodo centrifugado para fora da máquina.

O lodo é alimentado por um tubo concêntrico perto da secção cônica. O ponto de alimentação mais próximo do cone aumenta o tempo de detenção do líquido na câmara de separação, favorecendo a clarificação do líquido e prejudicando a desidratação do lodo. Ao contrário, o ponto de alimentação mais afastado do cone favorece a desidratação, que é o desejável no tratamento de lodos de estações de tratamento. Do tubo de alimentação o lodo passa para a câmara de separação, onde a força centrífuga faz com que a superfície líquida torne-se um anel junto à parede do tambor girante. Os sólidos depositados contra a parede são transportados pela rosca sem fim para a secção cônica sendo removidos da câmara de separação, enquanto o líquido clarificado é drenado na outra extremidade. No transporte do lodo pela secção cônica até a sua descarga, o líquido continua a ser gradualmente drenado, aumentando a concentração de sólidos na torta resultante.

A velocidade diferencial ou velocidade relativa entre a rosca sem fim e o tambor varia entre 2 e 20 rpm. A eficiência na separação é função da velocidade relativa. Velocidades diferenciais mais baixas produzem uma torta mais seca, acumulando mais sólidos no cone. Por outro lado, velocidades diferenciais altas tendem a produzir turbulência e prejudicam a clarificação do efluente líquido.

As capacidades hidráulicas dos decantadores centrífugos são fixadas geralmente em função do diâmetro do tambor:

Tabela 4.7. Capacidade hidráulica de centrífugas

Diâmetro do tambor (mm)	Vazão (m^3/h)
300 - 350	5 - 12
400 - 500	12 - 30
600 - 700	25 - 40
900 - 100	50 - 100

A capacidade efetiva depende das características do lodo afluente e da concentração desejada da torta e do efluente clarificado e geralmente se encontra entre 40 a 70% da capacidade hidráulica.

O princípio básico na secagem de lodo por uma centrífuga é o mesmo de um adensador por gravidade. No caso do adensador é a aceleração da gravidade que gera a força necessária à sedimentação. Na centrífuga, é a aceleração radial que gera uma força entre 500 a 4.000 vezes superior à gravitacional. Esta relação define o fator G da centrífuga:

$$G = \frac{n^2 \cdot D}{1.800} \quad \textbf{(4.6)}$$

onde n = velocidade de rotação, rpm
D = diâmetro da centrífuga, m.

Aumentando-se a velocidade de rotação, ou seja, a valores elevados de G_c, obtém-se uma maior concentração de sólidos na torta e um efluente mais claro, porém à custa de um consumo de energia mais elevado.

Do mesmo modo, uma menor diferença de velocidade entre o tambor e o parafuso, além de uma menor turbulência na máquina, resulta em uma taxa reduzida de aplicação, obtendo-se um maior teor de sólidos na torta resultante.

A viabilidade de emprego de uma centrífuga pode ser previamente avaliada com base em testes de laboratório, bem como a dosagem mais adequada de polímero, usando-se uma centrífuga de mesa e um fonte de luz estroboscópica. O teste é realizado com o lodo colocado em tubos de teste de 25 ml; uma ranhura na parede do suporte do tubo permite observar a interface sólido/líquido e, assim, determinar sua velocidade de assentamento durante o processo de centrifugação. Este procedimento permite calcular o *coeficiente de sedimentação* S:

$$S = v/\omega^2.r \quad \textbf{(4.7)}$$

onde v = velocidade de sedimentação da interface sólido/líquido, m/s
ω = velocidade angular da centrífuga, rad/s
r = distância da interface ao centro, m.

Referências

1. Cheremisinoff, N.P. – *Liquid Filtration*, Butterworth-Heinemann, Boston, 1998.

2. Rushton, A., A.S.Ward, R.G.Holdich – *Solid-Liquid Filtration and Separation Technology*, VCH Verlagsgesellschaft, Weinheim, 1996

3. Degremont – *Memento Technique de L'Eau*, 1989

5 MÉTODOS NÃO MECÂNICOS DE DESIDRATAÇÃO

1 — GENERALIDADES

A desidratação não mecânica, como seu nome indica, é aquela que não utiliza acessórios mecânicos, tais como prensas ou centrífugas, para a desidratação dos lodos, apenas agentes naturais, como a gravidade e a evaporação.

Os dispositivos não mecânicos de desidratação mais comuns são as lagoas e os leitos de secagem. Devido ao seu alto custo, são mais indicados para pequenas estações de tratamento, usualmente com capacidade menor que 200 l/s. A indisponibilidade de terreno limita seu uso em instalações maiores.

As lagoas de desidratação e os leitos de secagem trabalham com as mesmas cargas superficiais. A diferença entre elas reside na profundidade líquida que, nos leitos de secagem, não passa de 60 cm e, nas lagoas, chega a 1,80 m. Assim, as lagoas podem suportar picos de carga com maior facilidade que os leitos de secagem e o número de limpezas por ano é consideravelmente reduzido. Para lodos procedentes da coagulação por sais de alumínio ou de ferro, as cargas usualmente aplicadas variam entre 10 e 60 kg/m^2. Os resíduos do abrandamento a cal e soda aceitam cargas entre 50 e 75 kg/m^2. Portanto, é necessária uma grande área e, deste modo, os métodos não mecânicos são mais adequados para pequenos sistemas.

Estudos realizados por Vandermeyden e Cornwell[1] comprovaram que, para reduzir a área necessária à desidratação, o fator mais importante é maximizar a concentração de sólidos drenados, ou seja, a concentração de sólidos decantados após toda a água livre ter sido drenada. A concentração de sólidos drenados é função da concentração inicial de sólidos no lodo, da carga aplicada e do condicionamento do lodo com polímeros, o que aumenta consideravelmente a concentração de sólidos drenados e, assim, diminui a área necessária à desidratação.

2 — LEITOS DE SECAGEM DE AREIA

Os mecanismos de desidratação dos leitos de secagem de areia ou, simplesmente, leitos de secagem, consistem essencialmente em decantação, percolação (drenagem) e evaporação para obter a concentração desejada. A operação de um leito de secagem completa-se em um ciclo de duas fases: enchimento e secagem. A fase de enchimento depende do número de unidades, ou seja, da capacidade de cada leito, e, geralmente, dura de 15 a 30 dias, e a fase de secagem três semanas ou mais, dependendo do clima e da concentração final desejada. Os leitos de secagem são dimensionados para um período de armazenamento total de três a quatro meses, ou seja, um número de três a quatro aplicações por ano no mesmo leito.

O dimensionamento dos leitos de secagem, bem como das lagoas, pode ser feito aplicando-se a seguinte expressão:

$$A = \frac{V}{n \cdot H} \tag{5.1}$$

onde: A = área total dos leitos de secagem, m^2,
V = volume anual de lodos gerados na estação, m^3,
n = número de aplicações por ano
H = profundidade útil do leito, m.

Exemplo 5.1 Uma estação de tratamento, com capacidade de 140 l/s, vai tratar uma água coagulada com sulfato de alumínio, com as seguintes características médias anuais:

Turbidez	T = 15 UNT
Cor	Cor = 30 °H
Dosagem de coagulante	D = 25 mg/l

O processo de clarificação é por flotação a ar dissolvido, esperando-se a formação de um lodo com uma concentração de sólidos C_0 = 2,5%.

O coeficiente para o dia de maior consumo é K = 1,25. Dimensionar os leitos de secagem com as seguintes condicionantes:

Número de aplicações	n = 3 (4 meses de produção)
Profundidade útil do leito	H = 0,48 m

Solução: 1. O primeiro passo (e o mais importante) é estimar a quantidade de lodo produzida por ano. Os sólidos secos precipitados por metro cúbico de água tratada são calculados aplicando-se a equação 2.1a:

$$S = \frac{0,2C + k_1T + k_2D}{1.000}$$

sendo k_1 = 1,3 e k_2 = 0,26 (sulfato de alumínio).

$$S = \frac{0,2 \times 30 + 1,3 \times 15 + 0,26 \times 25}{1.000} = 0,032 \text{ kg / m}^3$$

2. Volume médio anual tratado pela estação:

$$V = 365 \times 86.400 \times \frac{Q}{k} = 31,536 \times 10^6 \times 0,140 \div 1,25 = 3,532 \times 10^6 \text{ m}^3$$

3. Massa de sólidos e de lodos precipitada por ano:

A massa anual de sólidos precipitada é

$$M_S = S \cdot V = 0,032 \times 3,532 \times 10^6 = 1,13 \times 10^5 \text{ kg}$$

e a massa de lodos correspondente:

$$M_L = \frac{M_S}{C_0} = \frac{1,13 \times 10^5}{0,025} = 4,52 \times 10^6 \text{ kg}$$

4. Volume de lodos produzidos anualmente:

A densidade dos lodos, considerando δ_S = 1.800 kg/m^3 é (eq. 2.4):

$$\delta_L = \frac{1}{\frac{C}{\delta_S} + \frac{1-C}{\delta}} = \frac{1}{\frac{0.025}{1.800} + \frac{1-0,025}{1.000}} = 1.011 \text{ kg / m}^3$$

e o volume correspondente:

$$V_L = \frac{M_L}{\delta_L} = \frac{4,52 \times 10^6}{1.011} = 4.470 \text{ m}^3$$

5. Área necessária:

$$A = \frac{V_L}{n \cdot H} = \frac{4.470}{3 \times 0,48} = 3.100 \text{ m}^2$$

6. Dimensões de cada unidade:

Fazendo seis unidades de igual área, com forma retangular e relação comprimento/largura $\cong$ 6, resulta:

- Área da unidade = 517 m^2
- Largura = 10,0 m
- Comprimento = 52,0 m

7. Carga de sólidos aplicada:

M_S/A = 1,13 × 10^5 kg ÷ 3.100 m^2 = 36,5 kg/m^2

3 — LAGOAS

O dimensionamento das lagoas é feito de igual forma que os leitos de secagem, aplicando-se $n = 1$ na equação 5.1, o que significa que o período de carga é de um ano. Sendo igual a carga superficial, a profundidade das lagoas resulta 3 a 4 vezes maior do que os leitos de secagem, ou seja, de 1,20 a 1,80 m. Assim, o número de cargas em cada unidade é proporcionalmente maior e, da mesma forma, o tempo de secagem. O número de limpezas por ano, em conseqüência, é menor. Sua principal desvantagem é, portanto, maior custo.

4 — DADOS PARA O PROJETO

As Figuras 5.1 a 5.3 mostram detalhes típicos dos leitos e lagoas de desidratação.

Tamanho e Forma

A área de uma unidade de leito de secagem ou de lagoa geralmente não ultrapassa 1.500 m^2. O número de unidades e, assim, o seu tamanho, deve ser definido pelo engenheiro em função da topografia local, procurando minimizar o movimento de terra. É desejável um maior número de unidades para aumentar a flexibilidade operacional. Recomenda-se um número mínimo de três unidades, porém é preferível quatro.

A forma geralmente é retangular, sendo recomendada uma relação comprimento/largura igual a 4 : 1 ou maior, entretanto a escolha da forma é livre para acomodar-se às características do terreno disponível.

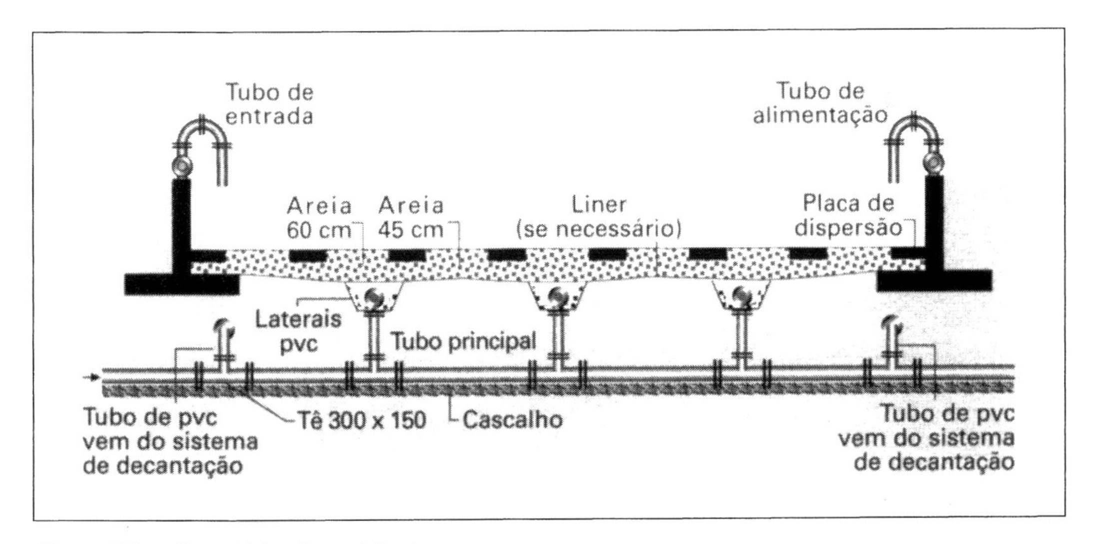

Figura 5.1 *— Seção típica de um leito de secagem*

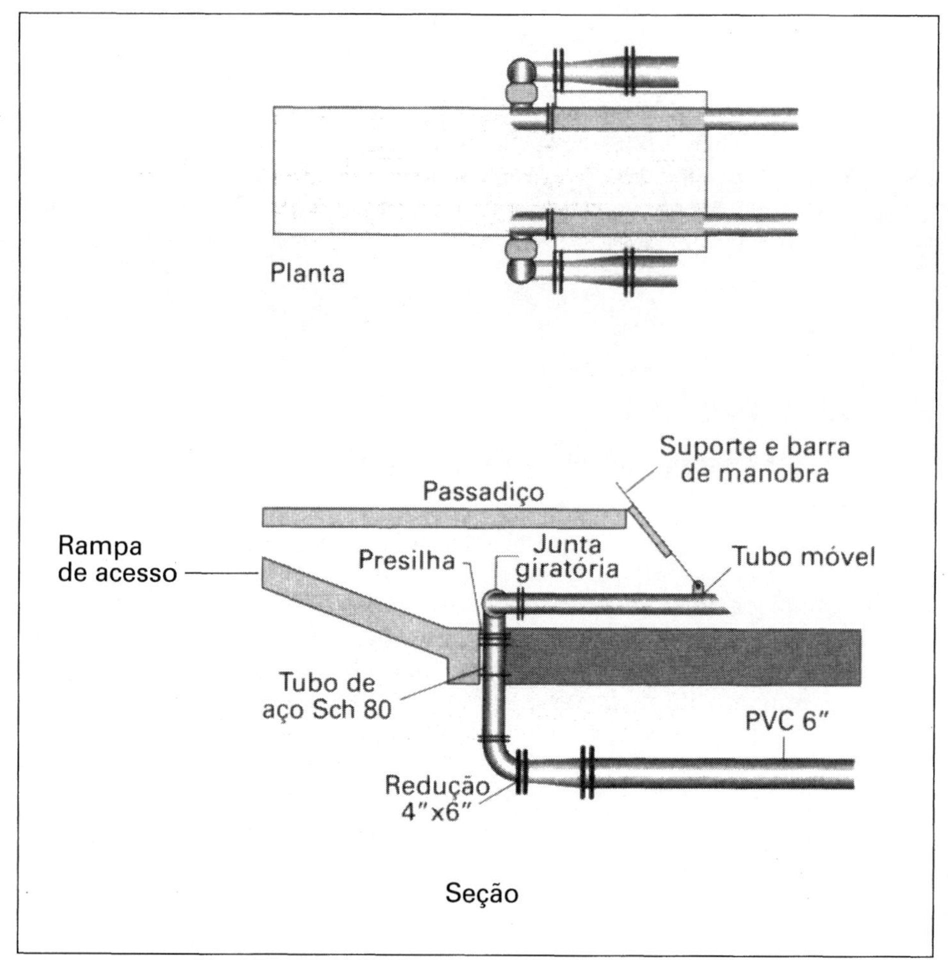

***Figura 5.2** — Tubulação de saída do sobrenadante*

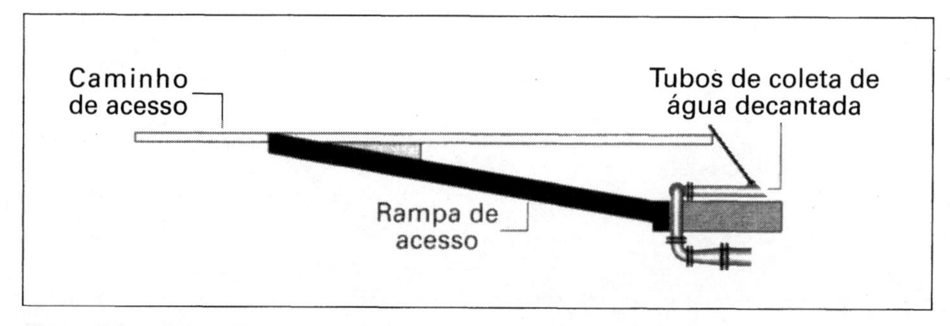

***Figura 5.3** — Rampa de acesso*

Paredes laterais

As paredes que separam as unidades são tipicamente construídas de concreto, podendo ser de alvenaria de tijolos em unidades de baixa altura, como os leitos de secagem. Deve-se prever uma altura livre acima do nível máximo de 25 a 30 cm. As paredes não devem interferir na aplicação de lodo nem na limpeza da unidade. Nos leitos de secagem, é aconselhável prever-se facilidades para futuro aumento da altura das paredes, a fim de permitir eventual aumento de carga, se necessário.

Meio filtrante

O meio filtrante é constituído de uma camada de areia com 30 a 45 cm de profundidade sobre uma camada de pedregulho com uma profundidade de 35 cm. A areia deve apresentar tamanho efetivo entre 0,3 a 0,75 mm e coeficiente de uniformidade inferior a 4, preferencialmente menor que 3,5. A camada suporte de pedregulho é, usualmente, estratificada em três camadas:

• Superior:	1/8 a 3/8"	7,5 cm
• Intermediária	3/8 a 1/2"	7,5 cm
• Inferior	1/2 a $1^1/_2$"	20,0 cm

Para as lagoas a constituição do leito filtrante é a mesma, contudo Kawamura[2] considera este item opcional, bem como as tubulações de drenagem.

Sistema de drenagem

Os tubos de drenagem devem ter um diâmetro mínimo de 100 mm (4"), preferencialmente 150 mm (6") e espaçados de 2,40 a 6,00 m, com uma declividade mínima de 1%.

Sistema de entrada

Uma válvula de gaveta ou de guilhotina descarregando em uma estrutura de dissipação, que pode ser uma simples placa de concreto sobre a superfície do meio filtrante, à semelhança da entrada de um filtro lento. Dependendo do tamanho da unidade poderão ser necessários vários pontos de entrada.

A velocidade mínima na canalização de alimentação deve ser superior a 75 cm/s para evitar depósitos.

Sistema de saída

O sistema de saída deve ter um extravasor, uma válvula de drenagem e um dispositivo de remoção da água decantada de altura variável, de modo a remover o sobrenadante e a água pluvial o mais rápido possível para acelerar o início da fase de desidratação. A remoção do sobrenadante pode ser realizada por um tubo giratório que pode ter sua extremidade aberta posta em qualquer nível, como exemplificado na Figura 5.2 ou por um stop-log. A estrutura do stop-log pode também ter as funções de extravasão e descarga.

Acesso de veículos

O acesso de veículos e equipamentos para remoção do lodo desidratado pode ser feito por meio de rampas de acesso, como a mostrada na Figura 5.3.

Referências

1. Vandermeyden, C. & Cornewell, D.A. – *Nonmechanical Dewatering of Water Plant Residuals*, AWWA Research Foundation, 1998.
2. Kawamura, S. – *Integrated Design and Operation of Water Treatment Facilities*, 2nd Ed., John Wiley & Sons, 2000.

6 PROPRIEDADES REOLÓGICAS – TRANSPORTE DE LODO

1 — INTRODUÇÃO

Aplica-se a reologia ao estudo da deformação e ao transporte dos lodos, particularmente na alimentação por bombeamento de filtros prensa e decantadores centrífugos. A reologia pode ser definida como a física dos estados de "não equilíbrio" e tem encontrado cada vez maior desenvolvimento e aplicações a partir do estudo das propriedades dos polímeros, cujo comportamento viscoelástico e propriedades dielétricas não se enquadram nas teorias clássicas da elasticidade e do eletromagnetismo.

O conceito de viscosidade de um líquido baseia-se na correlação entre a tensão de cisalhamento hidrodinâmica τ e a deformação relativa ou gradiente de velocidade **dv/dy**. Quando há uma proporcionalidade entre a tensão de cisalhamento e o gradiente o líquido se diz "newtoniano", e a constante de proporcionalidade define o coeficiente de viscosidade μ.

$$\tau = \mu \frac{dv}{dy} \tag{6.1}$$

Nos líquidos newtonianos, tais como a água, óleo etc., a viscosidade é independente do gradiente de velocidade e do tipo de fluxo. Nos líquidos não newtonianos a viscosidade varia com o gradiente de velocidade e com o tipo de deformação. A Figura 6.1 ilustra o comportamento da viscosidade de diversos líquidos diferentes em função da deformação relativa ou gradiente de velocidade.

2 - FLUXO DE LODOS

A proporcionalidade entre a tensão de cisalhamento e o gradiente de velocidade, característica dos líquidos newtonianos, não se aplica aos lodos gerados nas estações de tratamento de água ou de esgotos, acima de determinadas concentrações de sólidos, e as interações entre partículas e partículas e a água modificam o comportamento reológico do lodo que não se comporta mais como um líquido newtoniano. Variações no gradiente de velocidade ao qual o lodo pode estar sujeito alteram o tamanho e a densidade das partículas constituintes do lodo, elásticas por natureza. Quando a concentração destas

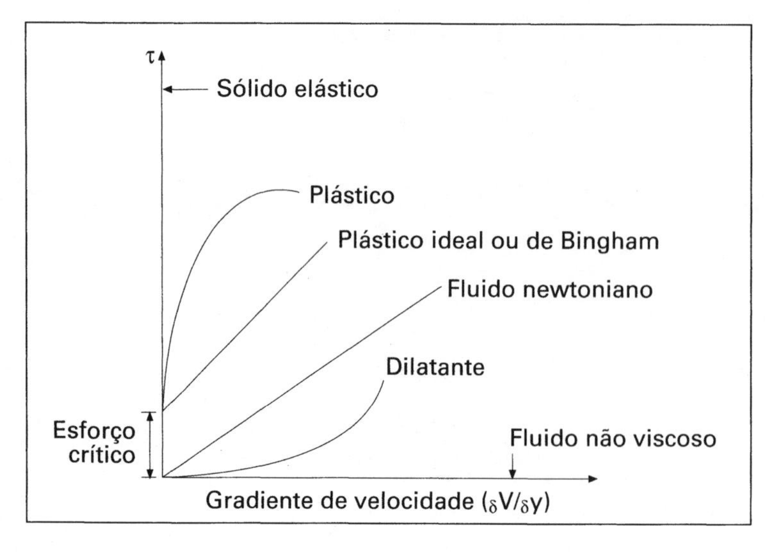

Figura 6.1

partículas no lodo é muito elevada, este se comporta como um sólido elástico até que uma tensão maior que a tensão de escoamento vence a resistência e o lodo flui como um material viscoso. Neste caso, a relação entre a tensão e o gradiente de velocidade pode ser representada por

$$\tau = \tau_e + k_r \left(\frac{dv}{dy} \right)^n \quad \textbf{(6.2)}$$

onde τ_e é a tensão mínima de escoamento ou esforço crítico, $\mathbf{k_r}$ é o coeficiente de resistência com unidades $N.s^n.m^{-2}$, e **n** é um expoente, também chamado índice de escoamento. Os valores de τ_e, k_r e n variam com a natureza e a concentração do lodo. A literatura sobre o assunto é mais rica em informações sobre lodos de esgotos com valores dados na Tabela 6.1, adaptada de Casey[1]. Muito pouca informação se tem a respeito da reologia de lodos provenientes da coagulação com sais de alumínio ou de ferro.

Tabela 6.1 – Valores guia para os parâmetros k_r, n e τ_e em função da concentração C (m/m)

Tipo de lodo	k_r	n	τ_e
Primário	$1,44 \times 10^2\ C^{2,82}$	$0,244\ C^{-0,17}$	$1,88 \times 10^4\ C^{2,72}$
Ativado	$9,0 \times 10^2\ C^{3,0}$	$7,6 \times 10\text{-}2\ C^{-0,45}$	$1,3 \times 10^5\ C^{3,0}$
Digestão anaeróbica	$1,9 \times 10^2\ C^{3,5}$	$0,171\ C^{-0,24}$	$1,8 \times 10^5\ C^{3,37}$
Húmus	$2,0 \times 10^2\ C^{3,0}$	$8,5 \times 10^{-2}\ C^{-045}$	$1,6 \times 10^4\ C^{3,00}$

Exemplo 6.1 Um lodo decantado é adensado a 3,5%. Admitindo semelhança de comportamento reológico com o do húmus, determinar os parâmetros k_r, n e τ_e.

Solução: 1. Cálculo do coeficiente de resistência:

$$k_r = 2\times 10^2 C^{3,0} = 2\times 10^2 \times (0,035)^3 = 8,58\times 10^{-3}\mathrm{N\cdot s^3 m^{-2}}$$

2. Cálculo do índice de escoamento:

$$n = 8,5\times 10^{-2} C^{-0,45} = 8,5\times 10^{-2}(0,035)^{-0,45} = 0,384$$

3. Cálculo da tensão de escoamento:

$$\tau_e = 1,6\times 10^4 C^3 = 1,6\times 10^4 (0,035)^3 = 0,686\,\mathrm{N\cdot m^{-2}}$$

Quando o índice de escoamento é menor que um, como o valor determinado no exemplo anterior, a equação (6.2) descreve o comportamento de um material pseudo-plástico e um índice de fluxo maior que um indica um material dilatante. Quando τ_e é igual a zero, a equação (6.2) representa a chamada lei da potência:

$$\tau = k_r \left(\frac{dv}{dy}\right)^n \tag{6.3}$$

e, sendo ainda o índice de fluxo igual à unidade, a equação (6.3) se reduz à equação (6.1) que representa o comportamento de um líquido newtoniano, sendo k_r, por definição, o coeficiente de viscosidade dinâmica μ. Combinando as equações (6.3) com (6.1) resulta:

$$\mu_{ap} = k_r \left(\frac{dv}{dy}\right)^{n-1} \tag{6.4}$$

onde μ_{ap} é a viscosidade aparente. Se a viscosidade aparente varia não somente com o fluxo ou deformação, mas também com a duração da deformação, se diz que o material apresenta propriedades tixotrópicas.

Para o transporte do lodo em canalizações, as perdas de carga podem ser calculadas por qualquer fórmula aplicada a um líquido newtoniano, como por exemplo, a fórmula de Darcy-Weissbach,

$$\frac{h}{L} = f.\frac{v^2}{2gD} \tag{6.5}$$

devendo-se levar em consideração as condições de fluxo e as alterações nos coeficientes devidas às propriedades reológicas, particularmente a viscosidade aparente, que é função da concentração de sólidos.

Sendo o fluxo laminar

$$f = \frac{64}{R_e} \tag{6.6}$$

Quando turbulento ($2.500 < R_e < 1 \times 10^7$):

$$\frac{1}{\sqrt{f}} = 2,0 \log\left(\frac{R_e \sqrt{f}}{2,51}\right) \tag{6.7}$$

Para líquidos não newtonianos,

$$\frac{1}{\sqrt{f}} = \frac{4}{n^{0,75}} \log\left[R_e^*(f)^{1-\frac{n}{2}}\right] - \frac{0,4}{n^{1,2}} \tag{6.8}$$

aplicando-se um número de Reynolds modificado

$$R_e^* = \frac{\partial_L v^{2-n} D^n}{\frac{k_r}{8}\left(\frac{6n+2}{n}\right)^n} \tag{6.9}$$

Quando a concentração de sólidos no lodo é baixa, menor que 3 - 4 %, o lodo comporta-se como um líquido newtoniano, e as perdas de carga podem ser calculadas pelas fórmulas tradicionais da hidráulica para água, tais como Darcy-Weissbach, Manning, Hazen-Williams e multiplicadas por um fator k. Metcalf e Eddy[2] apresentam um gráfico com valores do coeficiente de multiplicação para esgoto primário e esgoto digerido, que se pode representar pela equação

$$k = \frac{1}{1 - C^{0,33}} \tag{6.10}$$

Exemplo 6.2 Um lodo, com as características reológicas do Exemplo 6.1, adensado a 3% de sólidos totais, deverá ser bombeado por uma tubulação de 3" de diâmetro com 185 m de extensão, na vazão de 24 m^3/h. Calcular a perda de carga pelos métodos acima (determinando os coeficientes f para água e para lodo e o fator de multiplicação k), sendo dados:

- Coeficiente de viscosidade da água (20°C)
  $\mu = 1,002 \times 10^{-3}$ $kg.m^{-1}.s^{-1}$
- Massa específica da água (20°C)
  $\delta = 998,23$ $kg.m^{-3}$

- Massa específica do lodo
  $\delta_L = 1.020\ kg.m^{-3}$
- Aceleração da gravidade
  $g = 9{,}8\ m.s^{-2}$
- Coeficiente de resistência
  $k_r = 0{,}0086\ kg.s.m^{-1}$
- Índice de escoamento
  $n = 0{,}384$

Solução:

1. Velocidade na canalização:

$$V = \frac{Q}{A} = \frac{240 / 3.600}{\pi (0{,}075)^2 / 4} = 1{,}50\ m.s^{-1}$$

2. Número de Reynolds e coeficiente de perda de carga para água:

$$R_e = \frac{\delta VD}{\mu} = \frac{998{,}2 \times 1{,}5 \times 0{,}075}{1{,}002 \times 10^{-3}} = 112.073$$

Com o número de Reynolds, o coeficiente de perda de carga é calculado por tentativas, atribuindo-se diversos valores a **f** na expressão

$$\frac{1}{\sqrt{f}} = 2 \log \frac{R_e \sqrt{f}}{2{,}51}$$

obtendo-se f = 0,0175

3. Número de Reynolds e coeficiente de perda de carga para o lodo:

$$R_e^* = \frac{\delta_L \cdot V^{2-n} \cdot D^n}{\frac{k_r}{8}\left(\frac{6n+2}{n}\right)^n} = \frac{1020 \times (1{,}5)^{2-0{,}384} \times (0{,}075)^{0{,}384}}{\frac{8{,}58 \times 10^{\wedge -3}}{8} \times \left(\frac{6 \times 0{,}384 + 2}{0{,}384}\right)^{0{,}384}} = 267.600$$

Aplicando este valor e atribuindo diversos valores na equação (6.8)

$$\frac{1}{\sqrt{f}} = \frac{4}{n^{0{,}75}} \log\left[R_e^* (f)^{1-\frac{n}{2}}\right] - \frac{0{,}4}{n^{1{,}2}}$$

resulta f = 0,02

Se dividirmos este valor pelo calculado no item anterior, obtemos o fator multiplicador de perda de carga

$$k = \frac{0,0200}{0,0175} = 1,14$$

4. Fator multiplicador de perda de carga em função da concentração de sólidos:

$$k = \frac{1}{1 - C^{0,33}} = \frac{1}{1 - (0,035)^{0,33}} = 1,5$$

5. Cálculo da perda de carga:

Pode-se então utilizar a conhecida fórmula de Hazen-Williams, com um coeficiente C = 140 (tubos lisos) e multiplicando o resultado pelo coeficiente k = 1,5, a favor da segurança:

$$h = 10,643 Q^{1,85} C^{-1,85} D^{-4,87} L = 10,643 \times (0,0067)^{1,85} \times$$
$$\times\ (140)^{-1,85} \times \left(0,075\right)^{-4,87} \times 185$$

$$h = 6,0 \text{ m}$$

Aplicando, então, o fator k, a perda de carga no bombeamento do lodo resulta

H = 1,5 × 6,0 = 9,0 m.

Velocidades baixas e/ou concentrações de sólidos elevadas resultam invariavelmente em fluxo laminar e, então, pode-se utilizar a equação de Bingham

$$\frac{h}{L} = \frac{16 \tau_e}{3 \delta_L g D} + \frac{32 k_r V}{\delta_L g D^2} \tag{6.11}$$

onde k_r e τ_e são parâmetros reológicos do lodo já definidos anteriormente.

Exemplo 6.3 Se a concentração de sólidos nos lodos dos exemplos anteriores fosse aumentada para 5%, que alterações nos parâmetros de bombeamento ocorreriam, se fosse mantido o período de operação do sistema de desidratação? Densidade do lodo: 1012 kg.m^{-3}.

Solução: 1. Inicialmente avalia-se o coeficiente de resistência e a tensão de escoamento, como no Exemplo 6.2, para C = 5%, obtendo-se:

$k_r = 0,2$

$\tau_e = 16$

2. Sendo mantido o mesmo período de bombeamento para a mesma produção de lodo, a vazão de lodo e a velocidade diminuem na proporção inversa da concentração, resultando

$$V = \frac{0,035}{0,10} \times 1,5 = 0,5\,\text{m.s}^{-1}$$

Aplicando os novos dados na equação (6.9) resulta $R_e^* = 3.470$, portanto na transição entre fluxo turbulento e laminar.

3. Aplicando a equação(6.11), vem:

$$\frac{h}{185} = \frac{16 \times 16}{3 \times 1.035 \times 9,8 \times 0,075} + \frac{32 \times 0,2 \times 0,5}{1.035 \times 9,8 \times (0,075)^2} = 0,168$$

$$h = 0,168 \times 185 = 31\,\text{m}$$

bastante superior à perda de carga calculada no Exemplo 6.2, apesar da redução na vazão.

A metodologia de cálculo aqui apresentada é válida para concentrações de sólidos até 10% e restrita a canalizações curtas (menores que 1 km). Recomenda-se um teste específico nas seguintes condições quando (i) a canalização é maior que 1 km, (ii) o lodo tenha mais que 10% de sólidos, (iii) as perdas de carga avaliadas por cálculo resultam maiores que 15 m.

Os exemplos anteriores mostram a influência da concentração nas perdas de carga no transporte de lodo por canalizações. Um aumento na concentração aumenta a viscosidade do líquido, diminui o número de Reynolds e aumenta significativamente a perda de carga. Por isso é importante dimensionar a canalização de modo a resultarem velocidades mais elevadas e dar à bomba um generoso excesso de potência para permitir recalcar os lodos a alturas manométricas mais elevadas. Velocidades menores e diâmetros maiores podem não reduzir as perdas de carga na canalização. As seguintes recomendações devem ser observadas no projeto de instalações de bombeamento de lodo:

a) *Prever os grupos de bombeamento o mais próximo possível dos tanques de carga, ou seja, a canalização de alimentação das bombas deve ser a menor possível e, preferencialmente, com carga hidráulica positiva (bomba afogada).*

b) *A tubulação de recalque deve ser a mais retilínea possível e dotada nas mudanças de direção de conexões (T e Y) e de poços de visita facilmente inspecionáveis e com a possibilidade de se introduzir haste e/ou água para limpeza.*

c) *Deve-se evitar pontos altos onde possa ocorrer acúmulo de ar e a linha piezométrica efetiva deve estar sempre acima da canalização.*

d) *Dispor sempre que possível a canalização a vista ou em canaletas inspecionáveis e dotadas de juntas de montagem (tipo "Alvenius", "Gibault" etc.).*

3 — TRANSPORTE DE LODO

Três categorias de equipamentos são usualmente usadas para o transporte de lodo: (i) bombas centrífugas, cuja aplicação é restrita a lodos diluídos; (ii) bombas de deslocamento positivo, que podem ser usadas com lodos diluídos, adensados ou mesmo desidratados; (iii) sistemas de transporte de sólidos, tais como correias transportadoras ou transportadores tipo parafuso, para a torta final e outras aplicações.

Bombas centrífugas

O emprego de bombas centrífugas com lodos diluídos é uma prática normal desde uma longa data. Sua escolha é justificável em grandes instalações, sendo uma alternativa econômica e viável quando aplicada corretamente.

O projeto de bombas centrífugas tem sido aperfeiçoado para líquidos contendo sólidos, apresentando algumas particularidades que as fazem diferir das bombas usualmente empregadas para água. Com a finalidade de reduzir ao mínimo as possibilidades de obstrução nas bombas conhecidas como "non-clog", os rotores têm um menor número de pás e um grande espaço livre, e podem ser abertos, como mostra a Figura 6.2. As pás expostas do rotor aberto reduzem a possibilidade de sólidos ficarem presos, quando passam pelo rotor. A capacidade destas bombas vai até 800-900 l/s e seu rendimento dificilmente passa de 60-70%, devido às grandes passagens.

Com o mesmo propósito são as bombas tipo "vortex". O rotor aberto com paletas radiais está encaixado na carcaça da bomba fora da corrente líquida principal, de modo a provocar um vórtice na bomba, causando o movimento do líquido. A força propulsora para a elevação vem do próprio líquido, que gira no vórtice provocado pelo rotor. A posição recuada do rotor evita qualquer obstáculo ao fluxo e os sólidos passam sem contato com

***Figura 6.2** — Rotor aberto*

o rotor. Estas bombas são fornecidas com capacidade até 250 l/s. Sua principal desvantagem está no rendimento muito baixo, da ordem de 30 a 40%, porém em muitos casos se deve considerar a segurança operacional como primeiro fator de escolha antes da energia consumida.

Os rotores fechados são mais indicados para grandes vazões. Os rotores abertos são melhores para lidar com pequenos volumes de lodo. Neste caso, o uso de bombas centrífugas com sucção e descarga menores que 100 mm deve ser evitado.

Um dos principais problemas na seleção de uma bomba centrífuga para o bombeamento de lodo reside na dificuldade em bem definir o seu ponto de trabalho, em face da grande variação em termos de volumes processados e alturas a vencer. Para contornar esse problema usualmente o controle da bomba se faz por velocidade variável.

Com lodos mais concentrados, por exemplo com mais de 3% de sólidos, o emprego de bombas centrífugas fica prejudicado em face de uma possível elevação da altura manométrica causada por alguma alteração em suas propriedades reológicas, deslocando o ponto de trabalho para uma vazão menor que a desejável.

Bombas de deslocamento positivo

As bombas mais indicadas para o recalque de lodos são as de deslocamento positivo. As bombas de deslocamento positivo mais utilizadas são: (i) de êmbolo, (ii) de cavidades progressivas e (iii) de engrenagens duplas rotativas.

As bombas de êmbolo ou de pistão são as mais baratas, com uma capacidade geralmente limitada a 45 m^3/h a uma pressão de 138 bar (1.380 m) ou mais. Sua eficiência é baixa, limitada a 40 – 50%. Podem recalcar líquidos muito viscosos.

A principal desvantagem das bombas de cavidades progressivas (Fig. 6.3) reside no desgaste rápido de seu estator, que necessita reposição praticamente a cada ano. Gera pressões de até 7 bar (ou 14 em série) com descargas de 120 m^3/h ou mais. Seu rendimento é elevado, 65 – 75% podendo recalcar líquidos abrasivos e viscosos com facilidade.

As bombas rotativas de engrenagens (Fig. 6.4) são as mais caras, cerca de 130 a 150% do custo de uma bomba de cavidades progressivas. Seu rendimento é similar ao

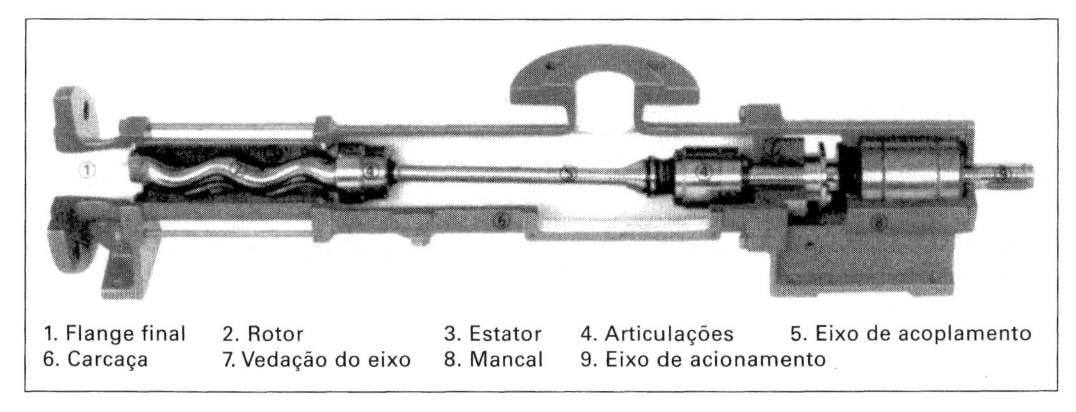

***Figura 6.3** — Bomba de cavidades progressivas*

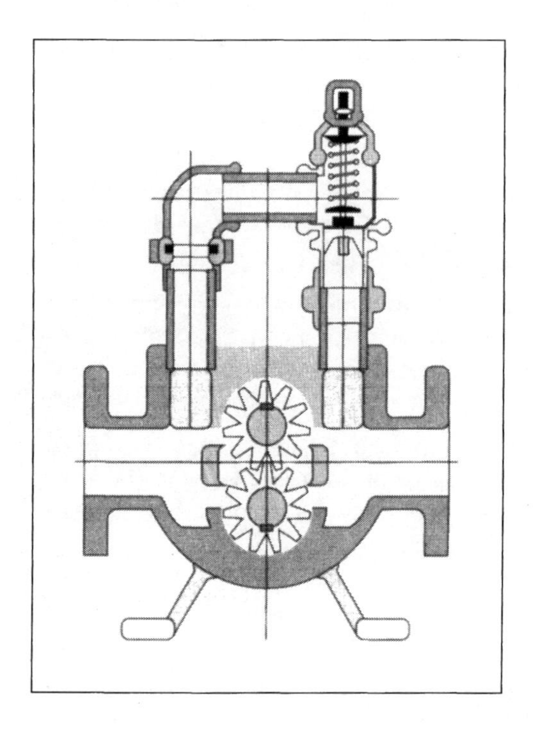

Figura 6.4 — *Bomba de engrenagens*

das bombas de cavidades progressivas, ao redor de 75%, independentemente da vazão e altura de recalque. Vazões de até 450 m^3/h a pressões de 20 bar (200 mca).

As bombas de engrenagens, entre outras vantagens, são auto-escorvantes, compactas e de fácil manutenção. Como desvantagem, estão sujeitas a desgaste rápido nas engrenagens. Podem bombear fluidos com qualquer viscosidade, porém deve-se evitar materiais abrasivos.

As bombas de pistão resultam ser uma solução especialmente apropriada para o bombeamento de lodos desidratados em sua transferência a eventuais silos de armazenamento, carga direta a meios de transporte (caminhões, vagonetas etc.) ou a transferência direta para lugares de disposição final. As capacidades destes equipamentos alcançam vazões de até 250 m^3/h e pressões de até 100 bar.

A instalação de bombeamento compreende os seguintes componentes:

- Bomba de pistão propriamente dita.
- Sistema de propulsão hidráulico.
- Sistema de silos de alimentação.
- Elementos auxiliares e sistema de controle.

A bomba de pistão é composta basicamente de dois cilindros de propulsão hidráulica com êmbolos de alimentação de funcionamento alternado e as correspondentes válvulas de admissão. A alimentação dos lodos se realiza por meio de um silo de entrada, usualmente situado sobre a bomba, e onde pode haver parafusos paralelos de pré-compressão que asseguram a alimentação na boca de admissão da bomba.

Com a finalidade de reduzir o atrito entro o lodo desidratado e a tubulação de recalque, no caso de linhas de comprimento significativo, se têm desenvolvido dispositivos de injeção de uma coroa lubrificante na superfície interior do tubo.

As vantagens mais significativas deste tipo de equipamento são as seguintes:

- A vazão impulsionada é independente do regime de pressões.
- Podem ser alcançadas pressões elevadas (até 100 bar).
- As eficiências operativas resultam bastante elevadas (aprox. 85%).

As desvantagens associadas ao uso deste tipo de equipamento são as seguintes:

- As vazões máximas estão limitadas atualmente a valores de cerca de 250 m^3/h.
- Os custos de investimento, de operação e manutenção são geralmente elevados.
- São necessários variadores de velocidade para regular a vazão.
- O fluxo é pulsante, o que obriga a guardar especial atenção no projeto das instalações a fim de prevenir vibrações e ocorrência de fadiga de materiais.

Estas são linhas gerais na escolha dos equipamentos de bombeamento de lodos. Uma discussão detalhada é dada por Sanks *et al.*[4]

Sistemas de transporte de sólidos

O transporte da torta é geralmente feito no local de desidratação por transportadores de correia, transportadores tipo parafuso e elevadores de canecas. Para fora do local de desidratação, por exemplo, para um aterro sanitário é feito em caçambas transportadas por caminhões.

O elevador de canecas, muito utilizado em estações de tratamento no transporte vertical de cal, tem pouca aplicação na movimentação do lodo. Entretanto é um dispositivo que pode ser considerado no carregamento de silos de armazenamento para posterior alimentação de caminhões.

Transportador por correia

Os transportadores de correia usam uma correia móvel, geralmente de borracha, para transportar material sólido compactável e granular em grandes volumes e a relativamente grandes distâncias. O material é carregado desde uma extremidade à outra e a correia faz um ciclo contínuo, voltando por baixo ao ponto de carga. O volume carreado pode ser aumentado com a instalação de esticadores em ângulo, como o mostrado na Figura 6.5.

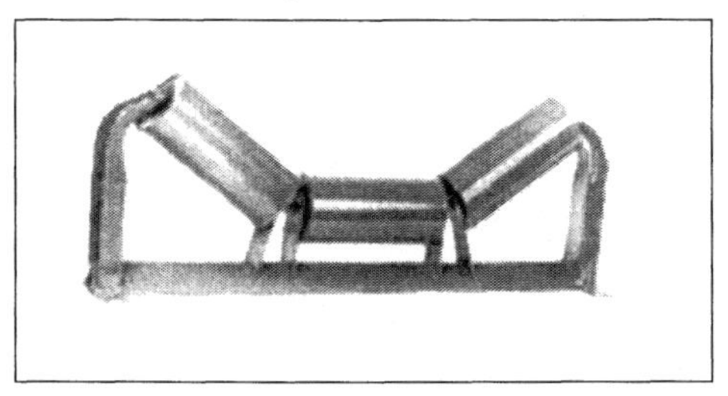

Figura 6.5 — *Polia esticadora em forma de calha*

A largura dos transportadores de correia varia de 0,35 m a 1,50 m, com capacidades que vão de 24 ton/h na velocidade de 90 m/min (1,5 m/s) para os menores modelos a 3.500 ton/h na velocidade de 180 m/min (3,0 m/s) para os maiores. A velocidade recomendada para o transporte da torta não deve ultrapassar 30-40 m/min, a fim de manter o material estacionário e garantir um menor desgaste da correia.

Os transportadores de correia podem ser horizontais ou inclinados, adaptando-se bem às variações de nível do terreno, entretanto sua inclinação máxima depende do material a transportar e é limitada a 25°. Os transportadores tipo correia admitem a instalação de dispositivos para pesar o material e, assim, se constituem em um meio útil de controle. No dimensionamento dos transportadores são necessárias as seguintes informações:

- Densidade aparente do material, kg/m^3
- Tamanho dos torrões, cm
- Temperatura, °C
- Teor de umidade, kg de água/kg de material
- Capacidade máxima, ton/h
- Layout, extensão e elevação, m.

Estes parâmetros permitem o cálculo da largura da esteira e de sua velocidade, bem como da potência necessária.

O custo inicial dos transportadores de correia é geralmente mais alto que outros tipos, como o transportador tipo parafuso, e são mais indicados para grandes instalações e transporte a longas distâncias. Para menores instalações, o equipamento mais utilizado é o transportador tipo parafuso.

Transportador tipo parafuso

São recomendados para transporte horizontal a curtas distâncias, porém são também adequados para o transporte vertical. Podem conduzir líquidos adensados como mostra a Figura 6.6. Existem dois tipos de transportadores tipo parafuso: com ou sem eixo central. Os parafusos sem eixo são mais adequados para sólidos compactáveis, como tortas de baixa concentração ou líquidos adensados.

Figura 6.6 — *Lodo adensado em um transportador tipo parafuso*

Os transportadores com eixo têm um parafuso montado ao longo do eixo para movimentar o material. A unidade é apoiada nas extremidades, podendo ter apoios intermediários, dependendo do comprimento da peça.

O tamanho básico do parafuso varia entre 150 a 1.000 mm de diâmetro e seu comprimento até 7-10 m, sem apoios intermediários. A torção exercida no eixo central e nos acoplamentos condiciona o comprimento máximo da peça, que não deve, geralmente, passar de 14 m. O uso de eixos de maior diâmetro 150-200 mm em vez do usual 50-100 mm permite duas a três vezes a distância máxima entre apoios, ou seja 14 a 21 m.

A Tabela 6.2 facilita a escolha e o dimensionamento de um parafuso para o transporte horizontal.

Tabela 6.2 — Capacidades de transportadores de parafuso horizontais

Diâmetro (mm)	230	300	390	480	600	700	800	1000
Capacidade (m^3/h)	7	15	30	50	70	90	120	200

A potência no eixo do transportador pode ser calculada pela fórmula (Referência 5):

$$P = 3{,}28 \times 10^{-6}\left(F_D \cdot n + 2{,}18 F_M \cdot \delta \cdot Q\right) \cdot L \qquad (6.12)$$

onde P = potência no eixo, HP
F_D = fator de tamanho (Tabela 6.4)
n = velocidade de rotação, rpm
F_M = fator de material (Tabela 6.5)
δ = densidade do material transportado
Q = fluxo volumétrico do material transportado, m^3/h
L = comprimento do transportador, m

Fixado o diâmetro, a seleção da velocidade de rotação é orientada pela Tabela 6.3, para materiais secos mais comuns classificados na Tabela 6.5.

Tabela 6.3 — Velocidades de rotação máxima em rpm em função do material transportado

Grupo de Material	Densidade máx. (kg/m^3)	Máx. rpm Rotor 150 mm	Máx. rpm Rotor 500 mm
1	800	170	110
2	800	120	75
3	1.200	90	60
4	1.600	70	50
5	2.000	30	25

Tabela 6.4 — Fator de tamanho de transportadores tipo parafuso

Diâmetro do parafuso (mm)	150	225	250	300	400	450	500	600
F_D	54	96	110	170	330	410	500	690

Tabela 6.5 — Fatores de material para transportadores

Grupo de Materiais	Tipo de Material	FM
1	Leve	
	Carvão em pó	0,5
2	Finos e Granulares	
	Carvão	0,9
	Barrilha	0,7
3	Pequenos torrões e finos	
	Sulfato de alumínio seco	4,0
4	Semi-abrasivos, torrões pequenos	
	Argilas, cal	2,0
5	Torrões abrasivos	
	Lodo de esgoto sanitário, cinzas úmidas	5,0

A Tabela 6.5 dá o fator de material para uma série de produtos secos que variam de densidade aparente como indicado na Tabela 6.3. O lodo adensado, com densidade próxima a 1.000 kg/m^3, como o que sai dos tanques de flotação, estaria classificado entre o grupo 1 e 3, podendo-se adotar um fator de material $F_M = 1{,}0$; já para a torta resultante, deve-se tomar $F_M = 5{,}0$.

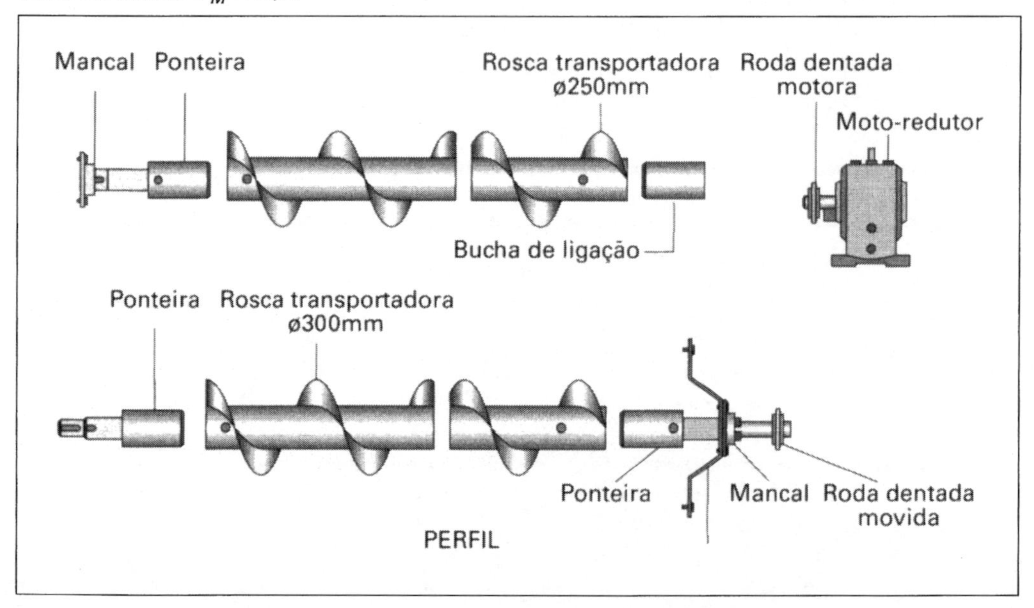

Figura 6.7 — *Detalhes mecânicos de um transportador de parafuso*

A Figura 6.7 mostra alguns detalhes mecânicos de um transportador tipo parafuso.

O conjunto motorredutor pode ser executado de várias maneiras e adaptado a condições locais de instalação e deve ter controle de variação contínua de velocidade através, por exemplo, de um inversor de freqüência.

Exemplo 6.4 De um filtro prensa sai uma torta com 35% de sólidos secos e densidade 1.200 kg/m^3. A produção máxima prevista da torta é de 4 m^3/h que deverá ser transportada horizontalmente a uma distância de 6,0 m. Definir o diâmetro da rosca e a potência necessária do motor elétrico.

Solução: Pelo valor do fluxo volumétrico, poderia ser adotado um diâmetro de 150 mm (mínimo), porém diâmetros pequenos exigem maior velocidade de rotação e, assim, maior desgaste. Pela Tabela 1, para materiais com densidade correspondente ao grupo 3, a velocidade de rotação máxima deverá estar entre 60 e 90 rpm. Pode-se adotar um diâmetro de 225 mm com uma rotação máxima de 60 rpm. Pela Tabela 6.4 o fator de tamanho é F_D = 96. Para o fator de material deve-se tomar F_M = 5,0. Assim,

$$P = 3{,}28 \times 10^{-6}\left(96 \times 60 + 2{,}18 \times 5{,}0 \times 1200 \times 4\right) \times 6{,}0 = 1{,}14\,\text{HP}$$

Será suficiente, portanto, um motor com 1,5 HP de potência.

Referências

1. Casey, T.J. – *Water and Wastewater Engineering Hydraulics*, Oxford University Press, 1992.

2. Metcalf & Eddy, Inc. – *Wastewater Engineering, Treatment, Disposal and Reuse*, 3rd Ed., McGraw-Hill, 1991.

3. ASCE Manuals and Reports on Engineering Practice n.º 88: *Management of Water Treatment Plant Residuals*, 1996.

4. Sanks, R.L. – *Pumping Station Design*, 2nd Ed, Butterworth-Heinemann, 1998.

5. Chopey, N.P. – *Handbook of Chemical Engineering Calculations*, 2nd Ed. McGraw-Hill, 1994.

7 DISPOSIÇAO FINAL DOS LODOS

1 — ALTERNATIVAS DE DISPOSIÇÃO

A definição do destino final para o lodo de uma estação de tratamento de água é uma das tarefas mais difíceis para o administrador do serviço de água, envolvendo custos elevadíssimos de transporte e restrições do meio ambiente. Entre as alternativas de disposição usualmente utilizadas, podem-se incluir:

- Lançamento em cursos de água
- Lançamento ao mar
- Lançamento na rede de esgotos sanitários
- Lagoas
- Aplicação ao solo
- Aterro sanitário

A Tabela 7.1 apresenta os principais processos de tratamento, as características básicas de seus resíduos e os custos básicos dos métodos usuais de disposição.

O critério básico para escolher a alternativa de disposição é o conteúdo de sólidos, geralmente limitado como segue:

- Descarga em um curso de água < 1% a 8%
- Descarga na rede de esgotos sanitários < 1% a 8%
- Aplicação no solo 1% a >15%
- Aterro sanitário > 15% a > 25%

O lançamento em rios pode ser feito em certas condições e dependendo de permissão das autoridades do meio ambiente em função das características e do volume do curso de água onde o lodo é descarregado. É o método mais barato de disposição e, usualmente, se está devolvendo ao rio os materiais dele removidos nos processos de tratamento. As principais restrições são atribuídas ao coagulante e outros produtos químicos aplicados que aumentam a sedimentabilidade destes resíduos e, assim, podem formar depósitos

Tabela 7.1 — Processos de tratamento e custos de disposição

Tipo de processo	Resíduo gerado	Métodos de Disposição	Custo (U$)
Coagulação/ Clarificação/ Filtração	Hidróxido de alumínio ou de ferro	Lançamento em cursos de água	—
	Lodo com sólidos suspensos da água bruta e matéria orgânica	Idem, na rede coletora	Tarifas da Concessionária, geralmente 0,30 a 0,80/m^3 - 140 a 250,00/ton sólidos
		Aplicação ao solo	2,00 a 12,00/ton + 0,09 a 0,16/ton.km (transporte)
		Aterro sanitário	75,00 a 100,00/ton + 0,09 a 0,16/ton.km (transporte)
Abrandamento (precipitação)	Carbonatos de cálcio e magnésio com sólidos da água bruta e matéria orgânica	Lançamento na rede coletora Aplicação ao solo Aterro sanitário	Os mesmos valores acima

indesejáveis. Como as normas para disposição geralmente se referem à quantidade de sólidos, estações de pequeno porte poderão descarregar sem maiores problemas seus resíduos em cursos de água de maior importância. O ponto de lançamento deve apresentar condições para uma rápida e completa disseminação do esgoto no corpo receptor, e deve-se considerar a equalização do volume de resíduos para limitar a vazão de descarga, minimizando o impacto sobre o meio ambiente. De um modo geral, como a água de lavagem dos filtros contém uma quantidade muito pequena de sólidos, na maioria dos casos pode ser lançada em um curso de água sem maiores cuidados (exceção para as instalações de filtração direta).

As mesmas considerações anteriores aplicam-se à descarga na rede de esgotos sanitários. Este método de disposição transfere os problemas com o tratamento e disposição dos resíduos da estação de tratamento de água para a estação de tratamento de esgotos. Quando esta não existe, as condições de descarga no corpo receptor são agravadas.

A descarga de lodos no mar por meio de barcaças foi considerada uma alternativa viável no passado, principalmente em grandes cidades, porém atualmente está sujeita a severas considerações legais relativas ao meio ambiente e está caindo em desuso.

Inicialmente, as lagoas foram muito utilizadas como um método de disposição dos lodos de uma estação de tratamento, entretanto o lodo não pode ser armazenado indefinidamente e, mais cedo ou mais tarde, a torta sedimentada terá de ser removida para um outro local de disposição que poderá ser aplicação no terreno ou um aterro sanitário. Assim, a acumulação de lodo em uma lagoa, apenas adia sua disposição final.

2 — APLICAÇÃO NO SOLO

A aplicação no solo consiste em esparramar o lodo no solo natural ou na agricultura e está sendo considerada uma alternativa de disposição viável, principalmente para os carbonatos precipitados em estações de abrandamento a cal e soda, como corretor do pH.

A aplicação de lodos de sulfato de alumínio ou de cal como condicionadores do solo atua tornando-o mais poroso que, assim, retém mais umidade, aumentado sua coesividade. A principal restrição que se faz ao sulfato de alumínio fundamenta-se na tendência que o lodo de alumínio tem de fixar o fósforo no solo, evitando a sua assimilação pelas raízes das plantas. Desse modo, para prevenir este inconveniente, limita-se a aplicação de lodo de sulfato de alumínio a um máximo de 2,2 a 4,4 kg/m^2.

O lodo pode ser aplicado em forma líquida, semi-sólida ou sólida, dependendo do meio de transporte. O transporte por caminhões exige uma torta sólida. A aplicação em forma líquida é desejável, porém impõe o bombeamento e, assim, a proximidade da estação de tratamento com a área de aplicação.

O volume aplicado geralmente corresponde a cerca de 2 a 4 cm/ano, conforme a necessidade, porém a taxa de aplicação que o solo pode assimilar deve ser devidamente determinada por pesquisas no local.

Os custos de transporte e a pouca aceitação pelos lavradores são os principais obstáculos para um maior desenvolvimento deste método de disposição.

3 — DISPOSIÇÃO EM ATERRO SANITÁRIO

Um aterro sanitário é a colocação controlada, sujeita a regulamentação legal, no terreno. A construção do aterro varia com o terreno. Em alguns casos aproveita-se uma depressão natural, a qual é cheia e coberta. Em outros casos o lodo é diretamente acumulado sobre o terreno ou sobre uma vala previamente escavada para isso.

Devido ao seu elevado custo, a disposição em aterro é geralmente a última escolha a ser considerada. Como os sólidos provenientes das estações de tratamento de água geralmente não apresentam periculosidade, podem ser lançados em aterros próprios ou municipais de resíduos urbanos. Para a disposição em um aterro municipal o lodo deve estar adequadamente desidratado, não contendo água livre. A verificação da existência de água livre pode ser feita com um teste em filtro de fluido (filtro de tinta). Colocam-se 100 g ou 100 ml do lodo em um funil com um filtro de fluido cônico (60-65 *mesh*). Se, por um período de 5 min, qualquer quantidade de líquido passa pelo filtro, o lodo é considerado como contendo líquido livre e não pode ser lançado no aterro. Para um lodo passar no teste do filtro de tinta, geralmente deve ter de 20 a 25% de sólidos secos.

O custo do transporte de lodo para a área de lançamento é outro fator que pede uma maior desidratação. Dependendo da distância, o custo do transporte pode inviabilizar esta alternativa e se adotam soluções mistas, como bombeamento do lodo líquido ou semi-sólido para uma área de desidratação mais próxima da área de disposição. A locação desta área é importante para minimizar o impacto do aterro sanitário em áreas adjacentes. A primeira consideração é escolher uma área em que a densidade populacional seja a mais baixa possível. A área escolhida deve estar a salvo de inundações, deve ter o lençol freático suficientemente baixo e subsolo de baixa permeabilidade.

Com relação à locação da área para aterro, os regulamentos — entre outras — incluem as seguintes restrições:

1. A área de locação deve se situar fora da área inundável para a máxima cheia provável em um período de recorrência de 100 anos.
2. É proibida a locação de um novo aterro ou ampliação de um existente em um charco ou banhado.
3. É proibida a locação de um aterro próximo a um aeroporto.
4. É proibida a locação a menos de 60 m de uma falha geológica.

O custo do transporte, associado à distância da estação de tratamento ao aterro municipal, leva à alternativa de construção de um aterro próprio. A disposição do lodo ou da torta em um aterro próprio é feita, usualmente por três métodos: na superfície do terreno, em gargantas ou depressões e em valas escavadas para esse fim.

O uso de aterros sanitários específicos para lodos de estações de tratamento de água, aplica-se usualmente a lodos com um conteúdo relativamente baixo de sólidos (menos que 25%) e, portanto, de baixa resistência. Esta condição cria dificuldades na construção do aterro, atendendo a fatores tais como estabilidade de taludes, compactação e manejo. De fato, esta condição de resistência impede o suporte de equipamento de construção, ainda que o mesmo seja leve, como pequenas carregadoras frontais, que exercem pressões tão baixas como 30 kN/m^2.

Para obter condições de suporte do equipamento, é normalmente necessário alcançar concentrações de sólidos da ordem de 50%. Esta condição não resulta usualmente conveniente, atendendo principalmente às seguintes condições: custos elevados de investimento em equipamento complementar de secagem e maior uso de produtos químicos e agentes desidratantes; dificuldades para sua manipulação no local do aterro; problemas ambientais no local do aterro associados a um pó muito leve na área de trabalho, etc.

Nestas condições, recomenda-se a aplicação de tecnologias específicas de aterro para lodos previamente desidratados em condições de eliminar a água de escoamento livre (concentração de sólidos na faixa de 20 a 25%). Os procedimentos de aterro mais utilizados podem ser classificados em:

- ***Método da vala escavada.***

  Consiste na escavação de valas paralelas, separadas por diques de aproximadamente 1 m de altura, onde o material retirado permite conformar diques contraventados. A largura típica destas valas é de aproximadamente o dobro do comprimento dos tratores que operam nas mesmas, de modo a facilitar sua manobrabilidade. A profundidade das valetas depende das condições do solo e da altura do nível freático e pode alcançar até 3 m. O material retirado utiliza-se finalmente para cobrir o recinto aterrado segundo especificações gerais.

- ***Método do dique de confinamento.***

  Consiste em construir diques perimetrais na área de aterro, eventualmente a partir do material retirado em regime de equilíbrio de volumes. No recinto assim conformado se dispõe o material de aterro em camadas sucessivas e franjas em sentido descendente da pendente, de modo que o equipamento de carga opere sobre o fundo natural do terreno.

O método do dique de confinamento é especialmente indicado quando não existe objeção ao incremento artificial da altura do aterro ou quando não se pode escavar o terreno, por exemplo, quando o lençol freático é alto ou na presença de solos de difícil escavação. Neste método, o lodo é simplesmente descarregado e esparramado no terreno em camadas de 15 a 30 cm e, então, compactado. Outra camada é sobreposta à anterior e também compactada. Isto permite obter maior concentração de sólidos e maior resistência aos esforços de cisalhamento e é um método particularmente favorável para lodos da coagulação com sais de alumínio e de ferro, usualmente difíceis de desidratar. Neste caso, podem ser aplicados resíduos com 15% de sólidos ou mais. Por este método, é permitida uma taxa de aplicação entre 4.000 a 17.000 m^3/ha.

No lançamento em gargantas ou depressões do terreno utiliza-se o contorno natural do terreno para construir um dique seco, onde será lançado o lodo. O teor de sólidos da torta descarregada no dique deve ser igual ou superior a 20% e o material é compactado em camadas de 30 a 60 cm, como no método anterior. A taxa de aplicação varia entre 9.000 a 28.000 m^3/ha.

O lançamento em valas é inicialmente feito com uma escavação a uma profundidade suficiente para acomodar o volume de lodo previsto por período de tempo suficientemente longo, tipicamente meses ou anos (ver Fig. 7.1). O material escavado é colocado ao longo de um lado da vala. A largura da vala deve permitir livre acesso e movimentação de veículos e equipamentos de compactação. De acordo com a largura reconhecem-se dois tipos de vala: estreita e longa.

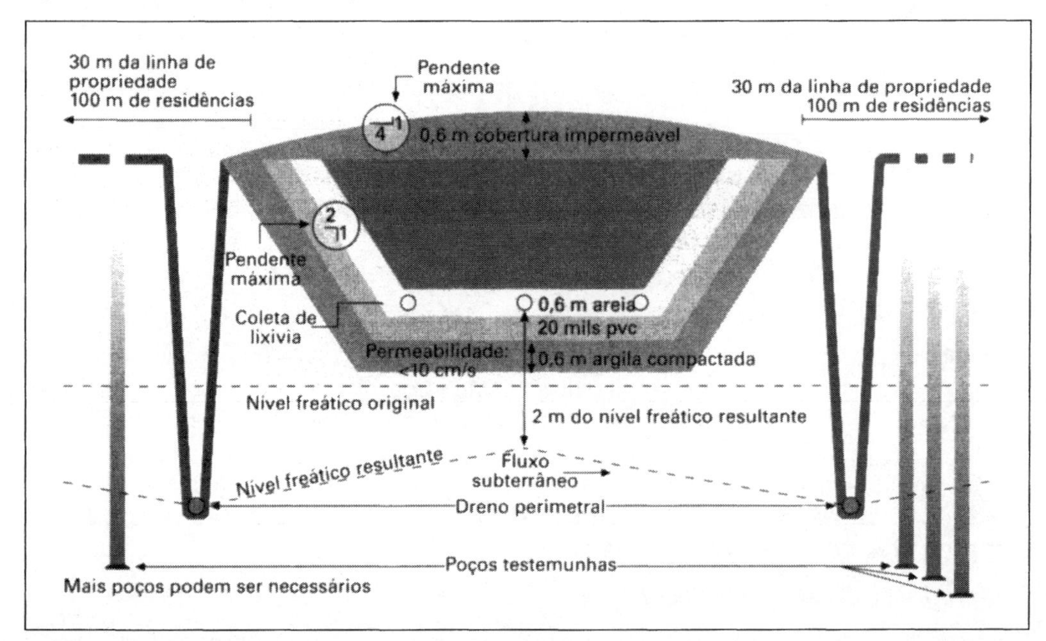

Figura 7.1 — *Configuração básica de um aterro sanitário*

As valas estreitas são utilizadas para lodos de menor teor de sólidos, que não podem suportar cargas elevadas. Quando a concentração de sólidos é suficiente para que o lodo apresente uma tensão de escoamento necessária para suportar o equipamento pesado, então escolhem-se valas largas. A largura das valas estreitas geralmente não ultrapassa 3,0 m e, nas valas largas, chega a 15,0 ou mais.

Antes da disposição do lodo, a vala deve ser impermeabilizada para evitar a contaminação do lençol freático. Usualmente é coberta com uma camada de argila de baixa permeabilidade (coeficiente de permeabilidade $K \leq 10^{-7}$ cm/s), com cerca de 60 cm. A regulamentação local sobre o meio ambiente pode exigir também a colocação de uma manta sintética de revestimento sobre a camada de argila. Sobre a manta são colocados drenos, como mostra a Figura 7.1 O lodo é então descarregado e esparramado em camadas de 30 a 60 cm e compactado. Normalmente, o lodo de estações de tratamento, diferentemente dos resíduos sólidos municipais, não necessita de cobertura ao final do dia. A cobertura final pode ser feita com argila e terra.

A tensão de escoamento τ_e tem sido adotada como um parâmetro da consistência do lodo para uma adequada disposição em aterro sanitário e é um índice de maneabilidade do mesmo. Alemanha e Holanda adotam o limite de 10×10^3 N.m^{-2} para a aceitação de um lodo em aterro sanitário. Tal valor é difícil de se obter com lodos provenientes da coagulação por alumínio ou por ferro. A ASCE-AWWA (Ref. 1) reporta valores superiores ao limite somente em 28% dos casos e ainda assim com concentrações acima de 35%, que também são difíceis de se obter. Com maior freqüência se obtém valores entre $1,0 \times 10^3$ e $5,0 \times 10^3$ N.m^{-2}. Entretanto, a consistência de lodos desidratados pode ser aumentada consideravelmente com a adição de cal ou de cimento. O lodo adquire uma consistência manejável com concentrações que resultem em uma tensão de escoamento entre 2,1 a $5,3 \times 10^3$ N/m^2.

A tensão de escoamento de uma torta é facilmente determinada através do ensaio de penetração. Consiste em deixar cair de uma altura estabelecida um objeto de peso conhecido com um cone calibrado na ponta dentro de uma amostra da torta. O grau de penetração permite avaliar a resistência do material à penetração e a tensão de escoamento correspondente.

A escolha do equipamento de operação e do tipo de vala — larga ou estreita — é função da carga máxima que o lodo pode suportar em função de sua tensão de escoamento e, portanto, de sua concentração. A Figura 7.2, adaptada da Referência 1, mostra a relação entre a concentração de um lodo de sulfato de alumínio e sua tensão de escoamento. A pressão exercida pelo equipamento sobre o solo $\boldsymbol{P}$ e a tensão de escoamento $\boldsymbol{\tau_e}$ estão relacionadas pela seguinte expressão, com um coeficiente de segurança igual a 2,5:

$$P = 2,5\tau_e \qquad \textbf{(7.1)}$$

O equipamento que menor pressão exerce no solo é o trator de esteiras, ao redor de 28 kN/m^2 (0,3 kg/cm^2). Deste modo, o lodo deveria apresentar uma tensão de escoamento maior que 11 kN/m^2, o que geralmente não se obtém com lodos da coagulação. O projeto deve, portanto, na maioria dos casos, prever o uso de valas estreitas com equipamento externo.

A profundidade da escavação depende da posição do lençol freático e da superfície rochosa, da permeabilidade do solo, da estabilidade das encostas laterais e do equipamento utilizado.

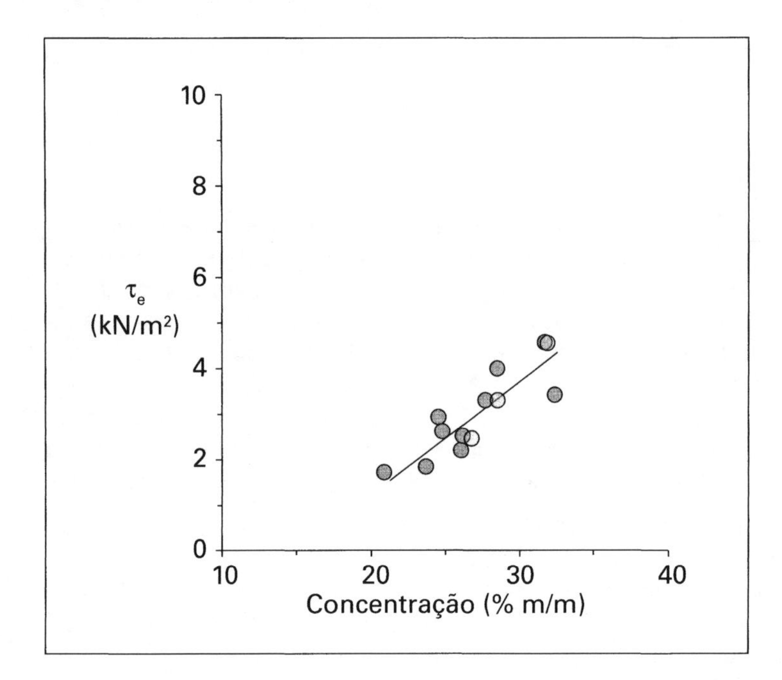

Figura 7.2 — Relação entre a tensão de escoamento e a concentração

A taxa de aplicação de lodo se situa entre 2.000 a 10.000 m^3/ha para valas estreitas e entre 3.000 e 15.000 m^3/ha para valas largas.

4 — OUTRAS APLICAÇÕES

Quando a obtenção de local de disposição final adequado torna-se uma tarefa extremamente difícil, tal como em grandes cidades, o uso do lodo ou da torta em outras aplicações pode ser uma solução viável. Sua aplicação específica diferencia-se pelas características da torta produzida. Geralmente pode ser utilizado como material para tijolos refratários, agente plastificador em cerâmica, na pavimentação de estradas e na produção de cimento.

Os principais componentes do cimento são CaO, SiO_2, Al_2O_3 e Fe_2O_3. Os materiais brutos usados na produção do cimento contêm estes óxidos na forma de carbonatos ou sulfatos. Estes componentes são também encontrados nos lodos das estações de tratamento de água, que, assim, podem substituir, em certa proporção, as matérias-primas na fabricação do cimento.

5 — MINIMIZAÇÃO DO VOLUME DE LODO PRODUZIDO

O elevado custo da desidratação e disposição do lodo induz à procura da otimização da fase de coagulação no sentido de redução da dose de coagulante aplicado. O volume de lodo produzido é diretamente proporcional à dosagem de coagulante. Cada mg/l de sulfato de alumínio aplicado produz 0,26 mg/l de hidróxido de alumínio precipitado, e cada mg/l de cloreto férrico produz 0,54 mg/l de hidróxido férrico. Assim, qualquer diminuição na dosagem de coagulante causa redução no volume de lodo produzido.

O primeiro passo a ser dado na otimização da coagulação é determinar por meio de ensaios de "jar-test". Deve ser verificada a necessidade de uso ou não de cal como pré-alcalinizante (auxiliar de coagulação). A pré-alcalinização é um hábito operacional nem sempre justificado e pode conduzir a um consumo de coagulante maior que o necessário. Na maior parte dos casos a água bruta tem alcalinidade natural suficiente para realizar a coagulação, e a adição de cal eleva o pH aumentando a quantidade de coagulante necessária para se alcançar o pH ótimo de coagulação. Kawamura[2] reporta que se a cal não é utilizada na coagulação não somente o volume de lodo é reduzido como também o alumínio residual.

Em épocas de baixa turbidez, pode ser possível e conveniente desviar a água coagulada diretamente para os filtros, aproveitando a vantagem de uma redução de 20 – 25% na dosagem de coagulante, possível (e geralmente necessária) no processo de filtração direta.

O emprego de polímeros catiônicos como floculantes primários ou como auxiliares de coagulação pode reduzir drasticamente o volume de lodo produzido sem aumento sensível no custo da água tratada. Como o custo do polímero é aproximadamente 6 vezes maior que o do sulfato de alumínio, não haverá aumento de custo se o polímero for aplicado na proporção de 1 : 6 em relação ao coagulante. Por exemplo, se para a coagulação forem necessários 24 mg/l de sulfato de alumínio, pode-se aplicar até 4 mg/l de polímero, sem aumento de custo. Geralmente a dosagem de polímero pode ser muito menor, conduzindo a uma substancial redução no consumo de sulfato, o que deve ser pesquisado em ensaios de laboratório prévios com diversos produtos.

6 — RECIRCULAÇÃO DA ÁGUA DE LAVAGEM DOS FILTROS

Normalmente a água de lavagem dos filtros contém uma baixa concentração de sólidos (0,004 a 0,1%) e ao redor de 5% de todos os sólidos precipitados na coagulação, podendo então retornar ao início da cadeia de processos sem que se altere sensivelmente a qualidade da água bruta. Assim, a recirculação da água de lavagem dos filtros sem qualquer tratamento, com todos os sólidos que pode conter, não prejudica em nada a eficiência da estação de tratamento; pelo contrário, além de reduzir as perdas no processo a praticamente zero, pode trazer ainda alguns benefícios, como redução no consumo de coagulante. Este procedimento não é aplicável, por motivos óbvios, à filtração direta, porém quando a taxa de recirculação e outros parâmetros forem corretamente escolhidos, a recirculação da água de lavagem dos filtros, cujo afluente foi previamente clarificado por decantação ou flotação, traz não somente sensível melhoria na floculação, como permite, em alguns casos, considerável economia de coagulante.

A água de lavagem dos filtros é encaminhada a um tanque de equalização, onde o material sólido (partículas floculentas) é mantido em suspensão por agitação mecânica. Daí é recirculada para a entrada de água bruta. O projeto deve ser orientado por ensaios de coagulação ("jar-tests"), por meio dos quais se tem comprovado ser possível uma redução na dosagem de coagulante com uma taxa de recirculação de apenas 7,5%. Com taxas de recirculação menores que 5% os benefícios não são tão evidentes, porém é sempre válida e certa a vantagem de se anular as perdas de água no processo, sem prejuízo algum ao tratamento. Entretanto, Kawamura[2] alerta sobre o risco de reciclar substâncias indesejáveis relacionadas com sabor e odor e que sempre é boa prática realizar uma desinfecção prévia à recirculação, sempre que houver suspeita da presença de microrganismos como giárdia e *criptosporídium*.

7 — RECUPERAÇÃO DE COAGULANTES

A recuperação do alumínio através da acidificação dos lodos produzidos na coagulação da água é uma solução que vem sido estudada há algumas décadas, porém o processo é um tanto complicado e foi implementado em umas poucas cidades dos Estados Unidos[3].

O esquema tradicional para a recuperação do sulfato de alumínio é baseado na seguinte reação:

$$2\,Al(OH)_3 + 3H_2SO_4 \leftrightarrow Al_2(SO_4)_3 + 6\,H_2O$$

O sobrenadante, que consiste em uma solução de sulfato de alumínio a um pH 2,5 ou menor, é então separado para reuso e os sólidos descartados. O processo conduz a uma grande redução no volume de lodo a ser processado para disposição final bem como no seu teor de sólidos, com a remoção do hidróxido pela reação acima.

Referências

1. AWWA – *Slib, Schlamm, Sludge*, Cooperative Research Report, 1990.
2. Kawamura, S. – *Integrated Design and Operation of Water Treatment Facilities*, John Wiley & Sons Inc., 2000.
3. Cornwell, D.A. & J.A. Susan – Characteristics of Acid Treated Alum Sludges, *Journal AWWA*, Outubro 1979.

GLOSSÁRIO

Abrandamento — Remoção de íons bivalentes da água por precipitação química ou por troca iônica, particularmente de cálcio e magnésio para remoção de dureza.

Adensamento — Processo unitário de redução de volume que visa adequar um lodo para um tratamento posterior ou para sua disposição.

Adensamento por flotação — Método de adensamento onde o lodo flotado é removido da superfície da unidade.

Adensamento por gravidade — Método de adensamento onde o lodo é deixado decantar e o sobrenadante é removido.

Água de lavagem — Água utilizada para a limpeza de um filtro a contracorrente.

Alcalinidade — Capacidade de neutralização de um ácido, geralmente devido à presença de íons bicarbonato ou carbonato.

Aterro — Colocação da torta no terreno sob condições controladas para minimizar sua migração ou efeito sobre o meio circundante.

Bar — Unidade de pressão que equivale a 105 Pa ou a 0,987 atmosfera padrão.

Bomba centrífuga — Mecanismo de bombeamento de líquido na qual a rotação do impulsor ou rotor comunica uma alta velocidade à água que entra e converte esta velocidade em pressão na saída.

Bomba de cavidades progressivas — Bomba de deslocamento positivo na qual um movimento de rotação abre uma cavidade que se move em direção à saída, arrastando o fluido ao longo e para fora da bomba.

Bomba de deslocamento positivo — Um dado volume de líquido é deslocado positivamente em cada ciclo da bomba, sem retorno para a sucção, podendo ser desenvolvidas altas pressões. Os principais tipos incluem a bomba de êmbolo, a de cavidade progressiva e as rotativas.

Bomba de êmbolo ou de pistão — Um êmbolo (pistão) no interior de uma câmara com uma válvula de retenção em ambas as extremidades; é simplesmente uma extensão da canalização adaptada para proporcionar uma força contra o líquido em uma direção.

Bomba rotativa de engrenagens — Engrenagens entrelaçadas pegam o líquido e o transferem da sucção para a descarga em seu movimento rotativo sincronizado.

Cal-soda — Processo de remoção de dureza (abrandamento) que utiliza cal e hidróxido de sódio.

Carga superficial — Fluxo de massa ou de volume (vazão) em um tanque dividido pela área superficial.

Cavitação — Um estado de fluxo onde a pressão no líquido torna-se igual a sua pressão de vapor, formando e implodindo cavidades de vapor, danificando válvulas, tubulações e bombas onde ocorre. A cavitação é, entretanto, desejável para formar as microbolhas de ar necessárias para a flotação a ar dissolvido.

Centrifugação — Processo de remoção de sólidos pela decantação em um campo de forças centrífugas.

Coagulação — Processo unitário que destrói as forças de repulsão entre as partículas, permitindo a sua aglomeração por floculação.

Coagulante — Produto químico adicionado à água para causar a formação de flocos que absorvem, agarram e aglomeram as partículas coloidais, permitindo sua remoção por clarificação. Os coagulantes mais usados são sais de alumínio e ou de ferro, com mais freqüência o sulfato de alumínio.

Concentração — Uma medida da quantidade de soluto contida em uma dada quantidade de solução. A concentração é usualmente medida em mg/l ou em porcentagem.

Condutividade hidráulica, coeficiente de permeabilidade ou coeficiente de Darcy — Diversas denominações para o coeficiente de proporcionalidade na lei de Darcy.

Compressibilidade — Redução no volume de um lodo que ocorre com a aplicação de uma força externa, por exemplo, em um filtro prensa. Lodos mais compressíveis como os de coagulantes metálicos são mais difíceis de filtrar.

DBO - Demanda biológica de oxigênio — Quantidade de oxigênio necessária para oxidar qualquer matéria orgânica presente na água durante um dado período de tempo, geralmente cinco dias. A DBO é uma medida indireta da quantidade de matéria orgânica presente em uma água.

Disposição — Colocação da torta em um local de assentamento.

Disposição final — Processo de retornar os residuais ao meio ambiente de uma forma tal que o impacto negativo sobre o mesma seja mínimo.

DQO - Demanda química de oxigênio — Quantidade equivalente de oxigênio necessária para oxidar a matéria orgânica presente em uma amostra de água, usando ácido crômico, um forte agente químico oxidante.

Efluente — Fluido que sai de um sistema, processo ou tanque. A saída de um processo ou tanque pode ser uma entrada ou influente para outro processo ou tanque.

EPA — Environmental Protection Agency (Estados Unidos): Organização que tem estabelecido os padrões de potabilidade e leis de proteção ao meio ambiente.

Evaporação — Conversão da água da fase líquida para a de vapor.

Filtração a vácuo — Forma de filtração onde a água é removida pela aplicação de vácuo.

Filtrado — Água removida do lodo nos processos de filtração, em filtros a vácuo, filtros prensa ou em prensas desaguadoras.

Floculação — Processo unitário que induz partículas a coalescer e formar maiores agregados de partículas.

Lagoa de desidratação — Bacia ou tanque semelhante a um leito de secagem, onde se descarrega e se mantém um lodo por um tempo suficiente para a sua desidratação.

Leito de secagem — *ver* Lagoa de desidratação. O tempo de detenção no leito de secagem é menor do que na lagoa, resultando maior freqüência de cargas.

Lixívia — Líquido contaminado que percola através de um aterro.

Meio filtrante — (1) Membrana ou tela porosa através do qual o lodo é filtrado; (2) meio granular, usualmente areia ou antracito, nos filtros usuais das estações de tratamento.

Poro — Abertura ou espaço vazio em uma membrana, tecido ou filtro.

Porosidade — Fração de espaço vazio no volume total de uma substância.

Pressão absoluta — Pressão total em um sistema, incluindo a pressão interna do fluido (manométrica) e a pressão atmosférica (cerca de 10,33 m.c.a ao nível do mar).

Pressão manométrica — Pressão interna em um sistema, medida por um manômetro.

Processo unitário — Processo no qual a aplicação de um princípio físico, químico ou biológico, é usado de modo similar em diferentes tipos de estações de tratamento.

Polieletrólito — Polímero com mais de uma área eletrolítica na sua molécula. Pode ser catiônico, com carga elétrica positiva, ou aniônico, com carga negativa.

Polímero —Molécula de grande tamanho formada de menores moléculas da mesma substância.

Relação ar/sólidos — Razão entre a quantidade de ar e a massa de sólidos totais, no adensamento por flotação.

Resistência hidráulica — O inverso da condutividade hidráulica.

Sólidos dissolvidos — Fração dos sólidos totais que passa por um filtro.

Sólidos suspensos — Matéria em suspensão removida da água por um filtro de uma dada porosidade.

Sólidos totais — Matéria em suspensão mais sólidos dissolvidos.

Taxa de escoamento superficial — *Ver* Carga superficial.

Tempo de detenção — Intervalo de tempo no qual uma partícula de água é mantida em um tanque.

Torta — Lodo semi-seco resultante dos processos de desidratação.

Transportador de correia — Dispositivo mecânico que utiliza a translação de uma correia para o transporte de sólidos.

Transportador tipo parafuso — Um parafuso de Arquimedes fixado a um eixo girante que permite o transporte horizontal, inclinado ou vertical, seja de sólidos ou líquidos.

Turbidez — Uma medida do grau em que os sólidos suspensos absorvem ou dispersam a luz que passa pela suspensão.

Viscosidade — Resistência interna do fluido ao movimento de suas partículas. Um líquido viscoso tende a refrear a turbulência.